解码智能时代2021

来自未来的数智图谱

信风智库　编著

撰稿：曹一方　王思宇　胡　潇　欧阳成　何永红

重庆大学出版社

图书在版编目（CIP）数据

解码智能时代．2021：来自未来的数智图谱 / 信风智库编著．-- 重庆：重庆大学出版社，2021.8

ISBN 978-7-5689-2880-9

Ⅰ．①解… Ⅱ．①信… Ⅲ．①人工智能 Ⅳ．①TP18

中国版本图书馆 CIP 数据核字 (2021) 第 141957 号

解码智能时代 2021：来自未来的数智图谱

JIEMA ZHINENG SHIDAI 2021: LAIZI WEILAI DE SHUZHI TUPU

信风智库 编著

策划编辑：雷少波　杨粮菊

责任编辑：杨粮菊　荀荟羽　　版式设计：许　璐

责任校对：谢　芳　　　　　　责任印制：张　策

*

重庆大学出版社出版发行

出版人：饶帮华

社址：重庆市沙坪坝区大学城西路 21 号

邮编：401331

电话：（023）88617190　88617185（中小学）

传真：（023）88617186　88617166

网址：http://www.cqup.com.cn

邮箱：fxk@cqup.com.cn（营销中心）

全国新华书店经销

重庆俊蒲印务有限公司印刷

*

开本：720mm×960mm　1/16　印张：20.75　字数：253 千

2021 年 8 月第 1 版　　2021 年 8 月第 1 次印刷

ISBN 978-7-5689-2880-9　定价：78.00 元

前言

数智新大陆

沿着旧地图，无法找到新大陆。

2021 年 6 月，大众汽车 CEO 赫伯特·迪斯在接受媒体采访时称，汽车将成为最先进的互联网设备。这早已不是预言，而是正在发生的未来。智能汽车背后的“电能系统 + 智能终端 + 物联网”新兴生态，正在从用户和工厂两端同时改变汽车行业花了百余年时间积累下来的传统体系。

类似这样的变化，不仅仅发生在汽车行业。以 5G、大数据、人工智能、区块链与物联网等新兴技术为代表的新一代信息技术，正在深刻地改变人们生产生活的方方面面。人类正在进入一个“人机物”三元融合的万物智能互联时代。

万物智能互联。穿过了工业革命和互联网时代的广袤沃野，我们究竟踏上了一片怎样的新大陆？

回溯最近 300 年的人类文明进程，我们会发现工业时代是渐进式的，它构建了实体经济范式；互联网时代是裂变式的，它构建了虚拟经济范式。而这一轮大数据智能化变革建立在前面两者的基础之上，将打通与融合实体世界与虚拟时空，让人类主观上可以更加精准、高效、实时和可预知地与客观世界进行交互，由此引发人类社会与经济的爆发式发展。

毫无疑问，一旦踏上数智变革这片充满未知与挑战的新大陆，过往经验就不再完全适用，我们迫切地需要一张指向明确且自成体系的新地图。

从全球范围看，中国正是数智变革最有活力的热土之一。中国是制造业大国，是全球最大的消费市场之一，也是全球最大的科技智造应用市场。发展数字经济，推动数字产业化和产业数字化，已经成为国家战略。据统计，2020 年中国数字经济规模达到 39.2 万亿元，占 GDP 比重 38.6%，同比名义增长 9.7%。数字经济已经成为中国经济高质量发展最理想的引擎动力。

让我们把目光聚焦于中国西部。在“建设成渝地区双城经济圈”的战略背景下，基于“建设具有全国影响力的重要经济中心、科技创新中心，建设改革开放新高地、高品质生活宜居地”的战略定位，重庆举办主题为“智能化：为经济赋能，为生活添彩”的中国国际智能产业博览会，明确提出了“智造重镇”与“智慧名城”的发展目标，清晰规划了“芯屏器核网”全产业链、“云联数算用”全要素群与“住业游乐购”全场景集的实施路径。

三大版图和 15 个小版块，不仅勾勒出了万物智能互联的条理脉络，还梳理出了数字化、网络化与智能化的变革逻辑。如果沿着这张新地图，可以发现我们已经闯进数智新大陆的腹地，这可以从以下五个趋势进行判断。

一是与 5G、大数据、云计算、物联网和人工智能等新技术紧密相连的新基建，在疫情期间支撑了远程办公、在线课堂、远程护理和送药机器人等新兴业态崭露头角，不仅起到了稳定经济增长的作用，更为数智变革未来的爆发打下了坚实基础。

二是数据安全与权属等法律法规相继落地，让“数字产业化，产业数字化”这一过程更加规范合理。在推进智能制造、数字政府和智慧城市等领域的建设过程中，政府不断开放应用场景，促进新技术与产业、场景深度融合。

三是深耕于大数据、云计算、物联网、区块链和人工智能等领域的科创企业，开始从谈概念、讲技术、编故事，转变为拼场景、抢落地和商业化，通过不断迭代的创新技术与商业模式，去改造农业、工业和服务业。商用落地与规模化营收正在成为检验科创型企业的核心标准。

四是数智生态体系正在成熟，硬件、软件、数据开始协同发力。硬件要根据算法的要求和数据的特点，不断提高计算效率；软件要在算法上不断创新；数据则是要通过海量积累与规则建立，在实际运用中发挥更大的价值。

五是数据成为产业发展的重要资源。传统产业在没有数据的情况下，光靠技术和资金已经无法跟掌握数据流的公司竞争。因此，未来产业要以数据流带动技术流、资金流、人才流与物资流，促进资源配置的效率提升。

基于这五个趋势，在“芯屏器核网”“云联数算用”和“住业游乐购”对应的三大版图和15个版块上进行探索，是我们这本书的内容架构和创作思路。实际上，大数据智能化不仅仅是新技术与新工具，更是一种观察和认知世界的全新思维方式。我们没有用技术与产业的语言来讲解技术与产业，而是用新思考、新案例与新论证，多维度、系统性与通俗化地为大家呈现大数据智能化这片生机勃勃且潜力巨大的新大陆。

万物智能互联时代没有旁观者。对于未来，我们不必过分担忧人工智能会取代人类，更不能过分乐观与盲目，认为大数据智能化可以解决所有问题。未来人类依然拥有决策的权利与责任，区别在于我们可以自由地选择是否将决策权让渡给人工智能。这种选择取决于两点：人工智能的决策是否更好；我们是否能够承担相应责任。由此看来，人工智能无法代替人，而人类依然是智慧的主人。

如果将人类文明进步的历程看成坐标系中一条不断上升的曲线，那么经历了远古文明、农业文明与工业文明漫长而缓慢的爬坡之后，人类文明终于迎来了科技创新这一重大拐点，将呈现急剧而陡峭的指数级攀升。由此，一张来自未来的智慧图谱，已经在我们面前铺陈开来。

信风智库　曹一方

2021 年 7 月

CONTENTS

第1篇 芯屏器核网

第2篇 云联数算用

第3篇 住业游乐购

第 1 篇

芯屏器核网

科技领域有这样一条“铁律”：软件决定上限，硬件决定下限。

万丈高楼平地起。作为智能化的承载实体，“芯屏器核网”不仅构筑起了智能时代最坚实的地基，更是最核心与最紧迫的产业发展方向。芯片升级如何突破摩尔定律的天花板？屏幕显示将催生哪些百花齐放的形态？智能终端可以实现科幻电影中那些令人惊叹的桥段吗？新技术与新模式如何重新定义汽车？万物联网将如何改变我们的生产生活？

——“芯屏器核网”全产业链，将为我们带来怎样的想象空间？

芯 着力发展集成电路产业集群。进一步完善芯片设计—晶圆制造—封装测试—原材料配套全产业链条。

屏 着力发展新型显示产业集群。夯实玻璃基板—液晶面板—显示模组全产业链条。

器 着力发展智能终端产业集群。大力发展智能穿戴、智能音箱和智能家居等产业，加快 5G 技术植入，着力补齐核心部件短板，构建完整产业生态。

核 着力发展核心器件产业集群。完善新能源和智能网联汽车产业生态，发展“大小三电”、智能控制系统等核心零部件。

网 着力发展工业互联网及软件产业等信息服务业集群。加快工业互联网重大平台建设和区域级、行业级二级节点部署，加强物联网硬件制造、系统集成和运营服务，大力实施“千家软件企业培育工程”。

第 1 章　芯：智能时代的科技制高点

第 1 节　打破藩篱，自研芯片的偶然与必然

在过去的2020年，有关芯片的新闻几乎霸占了科技领域的全部头条。

抛开底层光刻机技术不谈，行业内被讨论最多的是自研芯片。以往，芯片产业一直由少数几个巨头所垄断，英特尔掌控计算机芯片，英伟达掌握显卡芯片，三星和SK海力士等则瓜分内存芯片。

寡头的把持，不但让芯片产业的技术发展逐渐平庸，也在一定程度上造成了芯片市场的垄断。到底是继续采购第三方芯片产品，还是斥巨资自研芯片，已经成为众多科技巨头不得不面对的难题。

跟“挤牙膏”说再见

在芯片圈里，英特尔有一个不太好听的外号——“牙膏厂”。

之所以叫牙膏厂，是因为英特尔的CPU产品在每一次迭代升级时，都会刻意控制性能提升幅度，精准地做到只比对手高10%~15%。这种“吝啬”的升级方式，被网友们戏称为“挤牙膏”，其牙膏厂的“美誉”也由此而来。

作为一家企业，英特尔的手段无可厚非。它既保住了领先优势，又可以将技术升级的投入充分均摊。但对硬件企业来说，这种做法显然无法接受。以手机为例，在同质化竞争逐渐严重的当下，消费者下单很大程度上取决于性能提升的多寡。拍照是否更清晰、运行是否更流畅、体积是否更纤薄，每一项改变的背后都需要围绕芯片做文章。

换句话说，芯片的性能直接决定了产品最终的使用体验。摆在硬件厂家面前有两条路：一条是与芯片厂家共同开发定制芯片；另一条则是自研芯片并交由代工厂生产。前一条路并不好走，定制芯片价格极高，且有订货数量要求，成本和投入难以平衡；后一条路方法虽然可行，但需要长期且高昂的投入，还有很高的失败风险。

最先动手的是硬件领域的头部企业——苹果公司。

2020年11月，苹果推出了自研的M1芯片，并将其运用在自己的笔记本产品线中。M1采用了最新的5纳米制程工艺，并集成了160亿个晶体管。与之前的英特尔芯片相比，其计算速度提升了近3倍之多，耗能却下降了50%。不仅如此，M1还创新地将内存与GPU集成在芯片内部，解决了不同芯片间数据反复交换造成的算力浪费。

从使用体验上看，搭载M1芯片的笔记本的续航时间从此前的6小时变成了16小时。得益于芯片功耗的降低，苹果甚至移除了主板上的散热风扇，彻底解决了传统计算机风扇噪声的问题。最重要的是，在同样性能的前提下，M1系列产品的售价比英特尔系列便宜了20%，极具市场竞争力。

当然，M1并非完美无瑕。一方面，市面上的软件多采用英特尔架构进行设计，无法完美匹配苹果自研芯片，需要软件厂家重新研发；另一方面，受制于初代技术，苹果自研芯片接口较少，想要外接设备必须购买转接头。

抛开微观层面的得与失，在宏观层面上，自研芯片的问世破除了芯片寡头们对技术迭代的性能限制，也增大了硬件厂家在芯片领域的话语权，有效促进了行业的良性发展。

应对“芯慌”的良药

2021年2月，一则芯片供应短缺的新闻出现在各大媒体头条。

彼时，超级寒潮席卷全球，极端恶劣的低温天气导致美国陷入大规模停电。其中，以得克萨斯州最为严重，作为全球较大的芯片生产地，当地的三星与恩智浦等多家半导体企业被迫停产。无独有偶，就在得克萨斯州大面积停电的前一周，日本瑞萨电子的工厂也被迫停产，原因是日本近海发生了7.3级大地震。

此轮芯片的产能短缺，除了影响手机与计算机等消费数码领域，还对新能源汽车造成了不小的打击。宝马、奔驰与特斯拉等一众汽车制造企业，纷纷延后了产品交付时间，最慢的订单交付时间甚至延期到了2022年。

在新能源汽车的研发和制造上，除了电池技术，电控也是非常重要的一个部分。电控主要用于传达整车控制器的指令，使汽车按照命令行驶。逆变器是电控系统的核心，而IGBT（绝缘栅双极型晶体管）芯片则是逆变器的核心。新闻中所说的芯片供应短缺，指的正是IGBT。

令人欣喜的是，比亚迪和蔚来等国产新能源车企在这次“芯慌”中完全没有受到影响。比亚迪董事长王传福表示，比亚迪具有芯片制造能力，不存在芯片短缺的情况，更不存在因此导致的停产问题，旗下所有车型全部正常生产。

比亚迪的临危不乱源于未雨绸缪。早在2005年，比亚迪便成立了IGBT研发团队。从相对容易的封装入手，到之后的车用IGBT模块生产线，再到如今的IGBT全产业链，比亚迪已经完成了对IGBT生产链的全掌握，其相关专利超过200件。

供应短缺并不是“芯慌”的唯一体现，兼容性与匹配度同样制约着新能源汽车的发展。

企业自研芯片案例

企业	芯片类型	使用场景
苹果	M1	计算机专用芯片，采用 5 纳米制程工艺，160 亿个晶体管，集成 CPU、GPU 和缓存，每秒能进行 11 万亿次运算
亚马逊	引力 2 号芯片（Gravtion 2）	服务器专用芯片，采用 7 纳米制程工艺，相较于 X86 同类芯片，计算能力可提高 4 倍，性价比提升 40%
谷歌	白教堂芯片（Whitechapel）	白教堂芯片，基于 ARM 指令集制造，采用 8 核 CPU 设计，并针对机器学习进行优化，能更好地支持与 AI 和机器学习相关的功能
比亚迪	比亚迪微电子 IGBT	汽车电路芯片，应用于直流电压为 600V 及以上的变流系统（如交流电机、变频器、开关电源、照明电路、牵引传动等）
华为	麒麟 9000	手机专用芯片，基于 5 纳米制程工艺打造，拥有 153 亿个晶体管，集成 5G 通信功能，类比同时期高通芯片，性能提升 40% 左右

在自动驾驶领域，图像传感器也是制约车企技术迭代的拦路虎。自动驾驶的级别越高，对汽车摄像头的图像传感器要求越高。安森美半导体是图像传感器领域的头部企业，但它目前仅能提供120万像素的解决方案，已经远远跟不上车企的需求。

比亚迪没有把希望寄托在安森美身上，而是选择自己研发图像传感芯片。经过近8年的发展，比亚迪已经能够量产200万~500万像素的图像传感芯片，即便不采用国外的技术，也能将自己的自动驾驶提升到接近Level 2的水平。

自研芯片的价值在“芯慌”的风波中得到了充分的验证。它将更多成长中的优质国产汽车芯片企业推至舞台中央，并凭借稳定的供应和极高的匹配度，走向更为广阔的市场。

走出无序与“内卷”

如果要用一个词描述半导体行业近年来的发展，那么“内卷”显然是无比贴切的。

常规意义上，内卷是指同行之间为了争夺有限资源，从而导致收益下降的现象。引申到芯片行业中，则是制程越来越先进，晶体管数目越来越多，而行业的收益却越来越低。不少芯片领域专家表示，在5纳米制程成熟之后，芯片的设计会面临更加复杂的问题，研发和制造成本将呈指数级上升。

既然“天花板”已经近在眼前，那为什么非要在制程上纠缠呢？

原因不言而喻，技术惯性推动着芯片企业强行前进，而行业内部的激烈竞争则让它们无暇反思与自省。实际上，随着应用场景的不断细分，作为底层支撑的芯片注定要提供精细化的能力。

比如，5G就是芯片精细化应用的绝佳场景。

2020年，中国市场5G手机出货量约为1.63亿部，抢占5G高地成为众多手机厂家的首要目标。此前，大部分5G手机都采取的是“4G芯片+5G路由器”模式，这种外挂5G基带的方式虽然能够实现5G通信，但需要额外的接口来传输数据，占用空间较大，信号强度也难以保证，断线成为常态。这也是早期的5G手机难以实现真5G通信的原因。

通信出身的华为，很早就意识到了这个问题。既然外挂5G基带难以解决信号波动问题，那就必须针对5G场景开发特定的芯片产品。华为的麒麟9000芯片便是在这一背景下诞生的。

麒麟9000芯片将处理器和5G基带进行了有效集成，即用系统级芯片的方式来制造5G芯片。这一做法的好处是5G基带可与CPU共享内存和散热系统，保证基带不会被其他部件干扰。根据测试结果，在SA网络的测速软件中，麒麟9000芯片下行速度可以达到2.6Gbps，差不多超出行业平均水平一倍，带来了目前业界最快的5G体验。在这之后，高通的骁龙888、三星的猎户座1080都采用了同样的搭载方式，也验证了华为技术路线的正确性。

类似的案例还有很多，比如索尼凭借自研的图像信号处理芯片，将手机拍照的有效像素提升到8000万；三星打造的AI算力芯片，赋予了手机深度学习功能。这种将应用场景与芯片相结合的方式，为当下盲目追求制程进步的芯片产业带来了新的增长空间。在可见的未来，芯片的精细化研发将会在更多领域收获硕果。

第 2 节　架设“碳基之梯”，突破“硅基围城”

对芯片行业有所了解的人都知道，这是一个建立在硅晶体上的行业。

自20世纪50年代以来，硅材料的成熟运用为集成电路领域带来了极大的发展。生产生活中的绝大部分芯片都以硅为基础材料制成。但随着算力需求的不断扩张，以及材料本身的固有限制，硅基芯片似乎快要走到“尽头”。

所以，找到一款能够替代硅的芯片材料，成为芯片领域最为重要的研究方向之一。对我国而言，新材料的出现将极大可能完成芯片领域的技术突破，实现强“芯”之梦。

量子隧穿的围城

如果把芯片看作一栋大厦，那么晶体管就是组成这座大厦的砖块。

砖块越多，大厦就可以盖得越大越高。同理，晶体管越多，芯片的运算速度就越快，性能也就越强。不同于电器中常见的晶体管部件，芯片上的晶体管主要由光刻机雕刻硅晶面板而成。为了使芯片体积能够被充分利用，晶体管往往采用多层、立体和交错的方式进行排列，肉眼看上去就像一个复杂的浮雕模型。

换句话说，只要晶体管做得足够小，芯片所能承载的晶体管数量就能足够多。因此，为了不断突破晶体管体积下限，厂商花费数百亿美元不断研发制程更小的芯片。2001年的芯片制程为130纳米，2021年这一数字缩小到2纳米，随之而来的是晶体管数量从当初的几万个，变成了如今的500亿个。

当然，这样的增长并不能永远持续下去。根据元素的基本特性，硅原子的直径为0.117纳米，在芯片体积一定的情况下，一个晶体管的极限尺寸不可能小于材料原子。正是由于这样的特性，芯片领域一直有一个共识，即1纳米芯片制程是技术的极限。

抛开技术水平不谈，制程不断缩小还会带来另一个严重问题——量子隧穿效应。

我们知道，一条电路之所以能够导电，是因为导体中的电子在外部电场的作用下呈现出规律化的移动。这个过程就像水管中的水流，总会按照水管的排布方向流动。但在纳米级别的微观物理世界中，粒子会在没有外界作用的情况下，肆意穿越到它本不可能到达的地方，完全不受系统控制。在微观物理学中，我们将这个现象称为量子隧穿效应。

千万不能小看量子隧穿效应的影响，在晶体管排列紧密的芯片中，各个电路间隙非常小，电子极易从一个电路“窜”到另一个电路中去。一旦发生这种情况，电路就会出现短路甚至烧毁，引发芯片的局部漏电。

量子隧穿效应的出现，会导致芯片性能大打折扣，还会导致硬件发热或重启。一个明显的例子是，2020年发布的一部分5纳米手机芯片出现了较为严重的发热问题，电池消耗也极为夸张，致使手机厂商饱受用户批评。美国半导体协会的报告显示，7纳米制程的芯片能够勉强控制量子隧穿效应，但5纳米及以下制程的芯片尚无解决办法。

种种问题的出现，几乎宣告了硅基芯片将在未来10年内面临不可突破的天花板，寻找新的载体已经成为行业共识。

开启碳基世代

德国经济学家李斯特曾在《政治经济学的国民体系》中提到一个常见的现象，即“踢梯子”。

它多用来形容先进国家在完成技术升级后，对后起国家实施技术封锁。这个词生动地诠释了当今大国之间的芯片竞争。中国显然就是那个正在寻找梯子的后进追赶者。全球都在寻找替代硅的芯片载体材料，而中国正走在这个领域的前沿。

2020年5月，北京大学的张志勇教授和彭练矛教授课题组在《科学》杂志发表了一篇名为《用于高性能电子学的高密度半导体碳纳米管平行阵列》的论文。简单来说，采用论文中的方法，可以制备出纯度超过99.9999%、直径在0.23纳米左右的碳纳米管平行阵列。这一成果的问世，为碳基半导体进入规模工业化奠定了基础。

为什么这么说呢?

从化学的角度来看，碳与硅是同族元素，它们的化学和物理属性非常相似。因此，在芯片加工领域，目前碳元素是替代硅元素的最佳选择。而由碳制成的碳纳米管具有超高的导电性、热稳定性和本征迁移率，非常适合芯片内部的工作环境。

多年来，国外芯片巨头也一直在碳纳米管领域探索，但由于研发周期长、实现结果差和投资金额大等问题，几乎没有太大建树。其中，核心问题便是卡在碳纳米管的量产技术上。张志勇教授和彭练矛教授课题组研究的技术核心在于用全新的提纯和自组装方式，实现了高密度、高纯度碳纳米管的制备，并在此基础上实现了对同规格硅纳米管的性能超越。

采用这项技术可以生产出三类芯片产品，分别是信息处理芯片、传感器芯片和通信芯片。以传感器芯片为例，在碳纳米管的加持之下，芯片体积可以缩小40%。这就非常适合智慧医疗场景对植入式传感器的需求，即减少对患者皮肤和肌肉的破坏。

在张志勇教授和彭练矛教授课题组的研究成果发表后，许多企业对他们团队抛出了橄榄枝。华为便是其中之一，他们希望将碳纳米管技术用于打造5G基站芯片，从而解决基站能耗居高不下的问题。

综合来看，中国在硅基芯片时代的落后态势，是很有可能在碳基芯片上得以改善的。这就好比中国自己架设了一架“碳基之梯”，绕开欧美国家的限制，径直攀登技术高峰。

但在兴奋之余，我们也要清晰地认识到，芯片制造是一个复杂的系统工程。其制造过程有上千个步骤，每一个环节都会影响到芯片的最终质量。虽然我们在碳基芯片的材料领域实现了重大突破，但在设计和加工方面仍需要做好长期攻坚准备，避免因其他环节的短板而造成整体的缺憾。

绕开光刻机封锁

提起芯片，光刻机注定是一个绕不开的坎。

这台售价1.2亿美元的芯片加工设备，卡住了中芯，卡住了华为，也差点卡住了中国芯片产业的发展。目前，中国已经可以勉强实现7纳米制程芯片的量产，但距离国际顶尖水平的3纳米还有很长一段距离。

不过，随着碳基芯片概念的提出，部分媒体将其看作绕开光刻机难题的重要手段，甚至有观点认为，倘若碳基芯片真正实现，中国便不再需要光刻机了。

显然，这是一种毫无根据且不负责任的说法。从产业配套来看，硅基芯片已经走过了近40年历史，芯片的每一个生产环节都是围绕硅元素的特性进行定制化设计的。小到工人的防护手套，大到光刻机的部件设计，都与硅元素有着紧密的联系。毫不夸张地说，硅元素影响着整个芯片产业的发展。

从技术层面看，碳基芯片仍属于半导体产品，它仍旧需要光刻机来完成电路的排布与固定。如果没有光刻机，是无法完成高精度电路设计的。基于这两点，企图绕过光刻机来实现我国芯片产业的弯道超车是非常不现实的。

那我们还有机会吗？答案是肯定的。

从严格意义上说，碳基芯片虽然需要光刻机完成制造，但它对光刻机的精度要求并没有硅基芯片那么高。根据张志勇教授和彭练矛教授课题组的论文结论，一块90纳米制程的碳基芯片，性能上相当于28纳米制程的硅基芯片。

这个结论隐藏着两个关键点：一方面，两种芯片在性能上的差异远远小于它们在制程上的技术差异；另一方面，利用材料的优势，可以在技术能力不足的情况下实现芯片性能的超越。

我国芯片领域之所以落后于欧美国家，关键在于核心技术落后和自我研发能力不足，从材料、设计到生产制备都缺乏行业主导能力。随着碳基芯片技术的逐步成熟，我们可以从材料领域入手，逐步突破现有的半导体技术框架，研制出我国自主可控的芯片技术，进而影响全球芯片行业的格局。

第 3 节　类脑芯片：人工智能的终极解答

芯片是计算机的大脑。随着人工智能的研究从云端延伸向终端，模仿人脑的芯片技术横空出世。这种类脑芯片被业界视为走向“强人工智能”的重要途径。全球知名大学实验室以及科技巨头们纷纷拿出了类脑芯片产品。

从技术本身与应用前景的角度看，类脑芯片究竟给智能时代增添了一个怎样的注脚？

走出“功耗墙”之困

芯片的性能与功耗是一对相生相克的指标，性能好，功耗必然大。

为了实现极致的性能，芯片对能耗的需求不断水涨船高。以我们熟知的人工智能围棋选手AlphaGo为例，每局棋需要电费近3000美元。

早在2001年的国际固态电子电路会议上，专家们就指出：芯片功耗正在以指数级的速度增长。如果这一路径得不到改善，未来芯片功耗密度甚至可以比肩太阳表面。现在看来，专家们的言论可能过于危言耸听，但芯片功耗确实比20年前翻了许多倍。

我们当前所使用的计算机多采用“冯·诺依曼架构”，CPU负责运算工作，内存负责存储工作。每次计算机的运算都需要在CPU和内存两个部件之间反复调用数据。当CPU的算力越来越强，内存存储的空间越来越大，数据调用量也逐渐增大。

为了防止数据调用造成巨大的能源消耗，芯片制造厂商不得不设置一堵虚拟“功耗墙”，限制处理器的最大功耗，从而实现算力和调用之间的动态平衡。但随着前沿技术对算力需求的扩张，这种权宜之计已经难以维持。

目前，减少功耗有两条路可走：一条路是缩小晶体管尺寸，降低电路的负载电容，制造制程更小的芯片；另一条路是摆脱“冯·诺依曼架构”，寻找新的解决方案。前者已经被光刻机实现，但也呈现出边际效用递减的疲态。于是，科学家们开始将目光投向后者。

脑科学研究成果的出现，为芯片领域提供了新的思路。

作为人体的“控制芯片”，大脑每天所需要的功耗仅有20瓦左右，并且不会因为任务架构复杂而出现功耗激增的情况。与此同时，大脑是“存算一体”的芯片，不存在数据调用的问题，也就无须设置所谓的“功耗墙”。

结合人脑的特性，科学家们开发出了全新的类脑芯片体系。类脑芯片既适用于处理复杂环境下的任务，还能开发出自主学习机制，甚至有望模拟出大脑的创造行为，实现类脑智能。

人造神经元的魔力

想要模仿人脑，并不是一件容易的事。

大脑主要是由水和蛋白质构成的器官组织。根据热量换算，它每天仅需0.48度电就能完成图像识别、声音处理、记忆存储和躯体控制等各项复杂的任务。实现这些功能的核心，来源于人脑中的860亿个神经元。

大脑神经元在受到刺激后，细胞内外便会形成电位差。当该电信号传递到突触时，突触前神经元将释放神经递质（如多巴胺、肾上腺素），由突触后神经元接受神经递质产生兴奋（该过程单向传递），进而向下传递作用于人体反应器并发生反应。

不同于计算机简单的“0、1”代码传递，神经细胞间的信号形式比计算机复杂得多。不同的神经递质和不同的作用浓度都代表着完全不同的信息含义。这种多维度的信号传递方式大大减轻了计算压力，也提高了信息传递的准确性。

因此，所谓的类脑芯片就是参考人脑神经元结构和人脑感知方式与认知方式所诞生的产物。“神经形态芯片”是类脑芯片研究的主要方向，它侧重于参照人脑神经元模型及其组织结构来设计芯片。

2011年8月，IBM首先在类脑芯片领域取得了进展。在模拟人脑结构的基础上，IBM的类脑芯片虫脑（TrueNorth）包含256个处理器（神经元）、256个存储器（轴突）和6.4万个电路（突触结构）。随后的验证显示，将48枚虫脑芯片进行组建，它的"智力"水平可以与普通老鼠相媲美。

我们所熟知的芯片巨头高通，也在紧锣密鼓地进行类脑芯片的研发。2013年，高通曾公布一款名为零号（Zeroth）的芯片。它无须通过代码进行预编程，而是利用类似神经传导递质完成信息传递。不仅如此，高通还开发了一套算法工具，使搭载零号芯片的玩具车实现自动导航、障碍躲避等功能。

类脑芯片并不是国外的专属，国内许多科研机构和高校也开始了类脑芯片的研究。

如果你看过2020年出版的《解码智能时代：刷新未来认知》一书，一定记得人工智能章节中提到过清华大学"天机芯"骑自行车的案例。这一全球首款异构融合类脑芯片，可以让无人自行车自动平衡控制与躲避障碍。如今，一年多过去，我国的类脑芯片研究已经有了大幅进展。

2020年9月，浙江大学与之江实验室发布了全国首台基于自主知识产权的"达尔文二代"类脑芯片计算机，这是继2015年浙江大学发布"达尔文一代"芯片后的又一重大突破。"达尔文二代"芯片拥有576个处理内核，神经突触超过1000万个，功耗却仅有此前的一半左右。目前，该芯片已经可以完成手势、图像、语音和脑电波识别，准确率高达95%以上，基本上可以实现简单的人脑功能。

尽管以上几款类脑芯片还暂时无法与传统芯片比拼算力，但它们已经具备了人脑仿生的雏形。或许随着技术研发的不断深入，实现真正的"类脑"只是时间问题。

野望与失望

既然类脑芯片已经问世，那么它会成为人工智能的终极答案吗?

答案是不会，或者暂时不会。

如火如荼的类脑芯片产业收获的不只是鲜花与掌声，也有悲观和质疑。实际上，类脑芯片发展到今天为止，依旧存在很大的不确定性，尤其是在基础层面。以IBM开发的虫脑芯片为例，直到今天，它依旧无法处理有价值的工作指令，完全比不上传统的芯片架构。

从材料方面来看，用现有的电子元器件模仿人类神经元是一个非常不经济的行为。往往花费了极高的技术与工艺成本，却只能实现低等动物级别的神经元模拟。在当前的技术条件下，大多数由非晶材料制成的人造神经元，极易出现量子隧穿效应。传递信息的粒子究竟是走哪一条电路，科学家们不得而知。

因此，业内普遍认为，只有找到可以高效替代硅晶体管的材料，类脑芯片才有继续研究的价值。至于答案是什么，之前提到的碳基芯片可能是一个不错的选项。

脑科学的研究进展，同样限制着类脑芯片技术的发展。如前文所说，类脑芯片的架构是模拟人脑神经元架构设计的。但人脑由140亿个脑细胞组成，每个脑细胞可生长出2万个树枝状的树突用来计算信息，其每秒可完成信息传递和交换次数达1000亿次。这一过程是如何有序进行的，出错后又是如何纠正的，诸多细节层面的问题目前依旧不得而知。所以，基于脑科学“有限研究”之下的类脑芯片，注定是一个残缺的半成品。

除了以上问题之外，类脑芯片的配套也是一大棘手问题。一款芯片的顺利面市需要架构、算法和编程方案的帮助。如果没有这些辅助条件，那么这款芯片就永远只能停留在实验室中。当前的类脑芯片便处于这样的尴尬境遇，它就像一个工程项目，有方案、有规划、有资金，但建筑工人却不知道在哪里。

另一方面的问题源于类脑芯片概念过度火热。近几年来，我们看到越来越多的类脑芯片项目登上头版头条，除了少数几家具有实力的科研院所和企业之外，其他的多停留在概念炒作阶段。

我国芯片产业发展基础依旧薄弱，尤其是在基础研究和制造应用环节。正因如此，我们需要正视类脑芯片所带来的机遇和挑战，避免浮躁之风，拿出更多的时间和耐心走稳走强。

第 4 节　“摸高跳”和全球化，国产芯片如何突围

什么是人类之光？芯片或许就是，它不仅是智能时代产业的心脏，更是人类智慧的结晶。

从基础创新、市场分工、资金扶持到人才培养，芯片不是一项单一的技术，而是所有技术的集大成者。人类对芯片极限的突破，或许永无止境。

基础材料“摸高跳”

2021年5月，IBM发布全球首个2纳米制程芯片制造技术，

通过采用三栈全栅极工艺和底部电阻隔离通道技术，可以在每平方毫米的芯片上集成3.33亿个晶体管。

相比通用的7纳米制程芯片，2纳米制程芯片不仅提升了45%的性能，降低了75%的功耗，还打破了硅基芯片的物理极限。

“体积更小、性能更强”是芯片发展的趋势，就好比一个房间的面积越来越小，而房间里要装的东西却越来越多，不管采用怎样的收纳方式，总有一天这个房间会过载。

漏电和散热不佳就是硅基芯片过载的表现。如何找到新的替代材料是芯片突破物理极限的“根本性办法”。但是，什么类型的材料有望成为主流呢?

在阿里巴巴达摩院发布的“2020十大科技趋势”中，拓扑绝缘体和二维超导材料具备无损耗的电子输运和自旋输运的优点，特别是二维超导材料中的石墨烯，有望成为芯片产业的下一个材料底座。

石墨烯为什么会被人看好?

2007年，诺贝尔物理学奖得主康斯坦丁·诺沃肖洛夫发现，石墨烯能够在常温下观察到量子霍尔效应，碰到杂质时不会产生背散射，这说明它有很强的导电性。2018年，中国科学家曹原发现了石墨烯的“魔法角度”，即当两层平行石墨烯堆成约1.1度角时，就会形成超导材料，这种材料被命名为“以魔法角度旋转的双层石墨烯”。此外，石墨烯还是一种碳纳米材料，其光学特性十分优异，拥有极高的载流子速度和优异的等比缩小特性，很适合应用于光电子与芯片制造领域。

不过，任何新技术的发展都不是一帆风顺的，石墨烯在芯片制造上还面临着难题：首先，想获得高纯度的石墨烯，目前难度还比较大；其次，石墨烯晶圆的制造方面，很容易出现褶皱、点缺陷和污染问题；最后，石墨烯芯片缺乏其他制作工艺的配套，没有形成稳定的产业链。

所以，基础材料的“摸高跳”，还得建立在光刻胶、光掩膜、溅射靶材、抛光材料、电子特气与湿化学品等一系列辅助材料及其工艺的“同时起跳”上，这更是一种产业链的协同升级。

卡脖子与全球分工

2021年3月，网络上的一则消息吸引了大家的眼球：一家名为味之素的日本味精公司卡住了全球芯片产业的脖子。

生产味精的公司怎么跟高大上的芯片联系了起来，而且还举足轻重呢？原来，味之素制作味精时的副产物可以做成一种树脂类合成材料，进而加工制作为ABF（味之素堆积膜）。这种ABF具有高耐用性、高绝缘性和低热膨胀性等特点，对芯片封装具有重要的意义。

芯片内部有数十亿个晶体管，需要通过电路进行连接，电路之间还需要进行绝缘处理，以保障每一层的晶体管电路互不干扰。传统工艺使用的绝缘材料以液态为主，需要进行喷涂和晾晒，整个过程耗时长且工序复杂。而ABF可以直接在其表面进行激光处理和镀铜工艺，使这些微米级电路更容易连接，大幅提高了芯片制造的效率。

ABF真的是一项卡脖子的技术吗？其实不然。单论技术本身，ABF的技术要求并非高不可攀。但这背后，其实是钻研精神与知识产权意识。

味之素公司早在20世纪80年代就组建了专门的团队，研究如何利用制作味精时的副产物，进而在1990年代涉足了ABF的研究。从不断试验与试错，到敲开芯片制造商的合作大门，味之素的研究团队历经了多年的艰辛与挫折。正是这种不轻易放弃的匠人精神，ABF才得以成功问世。与此同时，味之素公司还为ABF在全球各国申请了三四百项专利，且严格保密大量试验数据。

放在全球芯片产业链的背景下，味之素的故事更具启示意义。芯片本身就是产业链各个环节在全球范围协同合作的结果。以阿斯麦尔光刻机为例，其内部零件多达10万个，需要德国提供蔡司镜头设备，日本提供特殊复合材料，瑞典提供工业精密机床，美国提供控制软件，等等。单一国家实力再强大，都很难通吃整个产业链。

所以，像味之素公司这样，在芯片产业链上某一个环节构筑核心竞争力与技术壁垒，牢牢握住某一块不可替代的拼图，是一种非常有效的参与全球芯片产业链合作与博弈的方式。

芯片既是一个相对卡脖子的产业，也是一笔绝对全球化的生意。毕竟，可控与稳定的全球市场，是摊薄芯片成本的前提。比如芯片的蚀刻环节，美国主要供应基础蚀刻机，中国则通过优化基础蚀刻机，增加蚀刻精度和一致性，积极切入全球芯片产业的分工之中。

警惕造芯陷阱

随着几十年的竞争和演变，芯片形成了全球化的分工与合作系统，为什么无人打破这种平衡呢?

芯片前期的投入成本和风险很高，发展中国家没有动力进行研发，而是等待发达国家研发好了之后，直接利用现成技术。

我国芯片产业要摆脱桎梏，国产化是一条必经之路。就像在2G和3G时代，我国通过增加国产化设备的终端采购比例，扶持华为与中兴等通信设备企业走向全球市场主流。

芯片是一个技术密集和资本密集的产业，资本投入是技术研发的保障。美国政府为此多次进行直接或间接关键性政策干预。2021年4月，美国白宫召开“恢复半导体和供应链首席执行官峰会”，拜登在会上举着一块晶圆片表示，“支持为芯片产业提供高达500亿美元的资助”，这是拜登政府重建美国制造业的一部分，也是2.3万亿美元基础设施计划的一部分。

我国在2014年出台了《国家集成电路产业发展推进纲要》，并成立了“国家集成电路产业投资基金”，合力地方政府、金融机构、社会资本、产业公司和科研机构，再加之各地税收、土地优惠和研发奖励等补贴方式，使国产芯片产业得到前所未有的提升。

有了钱，还需要会用钱的人。《中国集成电路产业人才白皮书（2019—2020年版）》指出，到2022年芯片人才缺口预计超过20万人，许多厂商已经出现了“抢人大战”。

如何解决芯片人才缺口呢？高校培养、海外引进和企业培训转岗是主要渠道。特别是高校培养，已经担当了培养国产芯片人才的重任。

2015年教育部等六部委发布《关于支持有关高校建设示范性微电子学院的通知》，明确支持清华大学、北京大学、浙江大学等9所高校建设示范性微电子学院。以浙江大学为例，在新增微电子本科专业后，每年相关本硕博招生的增加速度将近10倍，不断输送芯片产业急需的工程型人才。

有效的人才交流与流动、行业组织协商、知识产权保护是芯片产业发展的土壤。但是，我们同样要小心创新背后的陷阱。

特别是“政产学”的权责边界问题：地方政府不能忽略

产业发展规律，盲目上马芯片项目或园区建设；企业不能罔顾科学依据，为了争取补贴而跨地扩产，导致产业低水平重复建设；研究机构更不能有行政化和商业化的价值导向，热衷于产业化应用，而忽略了基础研究。

比如，2020年投资超千亿的武汉弘芯半导体项目陷入烂尾危机。弘芯不得不将价值5.8亿元、大陆唯一一台7纳米光刻机拿来作抵押。与此类似，原计划投资近400亿元的陕西坤同半导体，同年也被曝出拖欠员工工资，导致陷入停摆和债务纠纷。

这些项目暴露的问题，让我们看清国产芯片的发展不仅需要材料、技术、市场、资金和人才的支撑，更需要理性和科学的产业规划与引导，才能走向繁荣。

第 2 章　屏：
打开智能时代新窗口

第 1 节　柔性显示：如何引领下一代屏幕变革

智能时代下，屏幕究竟具有怎样的意义？

如果说芯片是智能时代的大脑，那么屏幕则是智能时代的眼睛，更是智能化技术通向实际应用的窗口。我们用计算机工作，用智能教学设备学习，用手机购物，无一不是通过屏幕与智能系统进行交互。

但是，随着科技进一步发展，我们对智慧化的需求急剧增长，同时也对屏幕的体验感提出了更高的要求。如何打造新一代显示技术？这又能带来什么实际价值？这些问题成了当下屏幕领域革新的关键。

可折叠的屏幕

1897年，德国物理学家卡尔·布劳恩设计出了世界上第一个阴极射线管。随后30年，这项技术不断进化，第一台电视随之诞生。屏幕从此打开了智慧的大门，带我们去往任何想去的地方。

20世纪60年代，液晶显示屏（LCD）显示技术得到了大力发展，更亮丽、更轻薄以及更节省能源的液晶显示屏逐渐取代了传统的阴极射线管屏，并开始大范围普及。目前我们使用的大部分计算机、手机等智能设备屏幕都是采用的LCD显示技术。

智能时代不断创造出新的应用场景，我们对屏幕的需求也不仅仅局限于画面品质的提升，更需要它在形态上做出改变。柔性显示技术显然正在开启新一轮的屏幕技术变革。而从智能产品的迭代过程来看，这场柔性变革需要通过三个阶段来完成：

第一阶段是打造固定曲率的柔性屏。就是指屏幕虽然有曲面特性，但是这个曲面是固定的，用户不可控制。我们可以看到，现在很多的电竞计算机都是采用符合人体视觉感官的曲面屏，还有华为近两年主打的“3D曲面屏”手机，都是固定曲率屏的代表。

第二阶段是实现屏幕的可卷曲、可折叠。比如华为的Mate X以及三星的可折叠式手机Galaxy Fold，都采用了折叠屏技术。折叠屏的核心在于需要将屏幕的弯曲半径控制在0.5~3毫米，同时对结构设计提出了更高的要求。

第三阶段则是实现可任意折叠拉伸的全柔性显示。即在折叠屏的基础之上开发更多的形态，比如水滴折叠、U形折叠或者像叠纸般可多次折叠的屏幕，可以根据用户的需求自动调节。

虽然就目前来看，第一、二阶段的产品已经普及，第三阶段的技术也日趋成熟。但是对屏幕而言，柔性显示屏的研发与制造仍充满挑战。如何高效量产以及结合市场需求打造更好的终端产品，还需持续探索。

关键的柔性材料

柔性显示技术所带来的价值是跨时代的。

柔性显示屏或传感器的特征不只是形态柔，还有轻薄与坚韧，每种特征都能衍生出新的价值。比如在汽车中应用，柔性屏除了能实现个性化的外观定制外，还能保证在受到撞击后不易碎裂，它的柔韧性将会成为未来车载显示屏的核心需求。

而在航空航天当中，柔性屏“轻”的特点相比传统的显示屏可以节省很多燃油成本。民航局的数据统计，一架300个座位的飞机，如果将座椅后面的娱乐系统的显示屏换成轻薄的柔性屏幕，一年平均能节省约800万元的燃油费。

那么这种“轻柔且坚韧”的技术，最大的壁垒是什么呢?

实际上，柔性显示技术的原理不复杂，就是一个光电转换的过程，但是它对柔性材料的生产工艺与精度标准要求极高。就拿折叠屏举例，屏幕本身的厚度要求是小于1毫米，所以发光材料、化学层以及光学薄膜层等构成屏幕的电子元器件，都必须是柔性材料，而且需要加工到超薄。

在这方面，3D打印其实是一种解决方案。3D打印不但能够打印由有机小分子聚合而成的柔性发光片，还能够通过点胶工艺制备电极层，可以在一定程度上实现柔性材料的量产。

关键难点在于封装技术。封装是屏幕生产的最后一个环节，封装质量直接影响终端屏幕的品质。在传统液晶屏上，由于形态是固定的，封装面对的环境相对稳定；而柔性的有机材料更容易发生氧化和水解，从而导致显示故障，所以对封装技术精度要求更高，需要多方位防护，尤其要注重对水氧的阻隔。

京东方采用的多层薄膜封装技术解决了这一难点。它通过将每个无机层和有机层搭配并交替叠加，形成统一均匀的层级，这种方式封装的柔性屏幕不但性能佳，而且韧性强。京东方官方发布数据显示，采用多层薄膜封装的新型柔性手机屏，可折叠20万次而不出现折痕。

未来，随着3D打印与封装技术的进一步结合，直接打印出柔性屏幕的成品也将成为可能。

低200℃的换道超车

IBM用廉价计算机取代了昂贵的UNIX小型机，苹果用智能手机终结了功能机时代，而SpaceX用可回收火箭颠覆了传统卫星发射技术……所有的事实都在告诉我们，只有自主创新才能实现换道超车。

长久以来，中国都在努力解决“缺芯少屏”与“进口替代”的高端制造问题，而如今随着柔性显示技术的持续发展，“中国屏”也开发出了新的超车道。

我们所说的柔性屏幕，其实就是看起来像保护膜一样的一层塑料薄膜，把它放在显微镜下，肉眼就能看到屏幕内部是由近百层不同功能的微纳米材料、数千万个晶体管集成电路器件以及发光器件组合而成的。

以三星屏幕为代表的传统技术，其元器件大多采用多晶硅材料，其制造工艺对环境温度的要求是必须在400℃以上。所以三星的技术方向一直是研究如何能在高温下生产出符合光电学性能的显示屏。但难点在于，高温下使用硅基工艺加工柔性材料的良率较低。这是技术矛盾，也是巨头包袱。

智能时代下，突破性的技术创新迎来了历史机遇，中国屏找到了一条在材料体系、工艺路线上和传统技术完全不同的全新路径——超低温非硅制程集成。

超低温非硅制程集成技术的核心在于，把屏幕元器件的基础材料替换成了非硅材料，这种新材料所需的环境温度比传统多晶硅材料工艺低了200℃。

别小看这低下来的200℃，它不但破解了高温下材料和工艺不稳定的问题，还通过低温集成技术极大地优化了生产工艺，减少了原本需要的高温脱氢、离子注入与激光结晶等复杂工序，大幅降低了生产成本，缩短了生产周期，并提高了生产良率。

在全柔性显示屏和全柔性传感器领域，超低温非硅制程集成技术实现了多个世界级的里程碑式突破，也让“中国屏”实现了换道超车。

柔性显示技术引领的屏幕变革已经来到深水区。新材料开发、封装技术升级以及超低温集成工艺突破等，让柔性显示技术提升到了一个新的高度，但最终如何走向市场，还需要在更加多元的智能化场景中不断探索。

第 2 节　智慧屏幕：让人机交互“温柔”进化

50多年前，美国计算机研究员约翰逊灵光一闪，提出了一个非常前沿大胆的想法，能否用手指操控屏幕。随后，他不但将这个概念写成论文，还将它变成了现实，制造出人类历史上第一块触摸屏——手指在屏幕上点击哪里，哪里就会发出亮光。现在来看，这块屏虽然笨重，却具有跨时代的意义。

如今，智慧屏幕已经成为人机交互最基础的载体，甚至可以说屏幕即智能。但是，我们总有这样一种错觉，与“波涛汹涌”科技颠覆相比，屏幕的智慧化升级似乎显得极其“温柔”，在潜移默化中就完成了。

究其原因，就是屏幕具备极高的可塑性，不用像其他智能硬件那样进行大刀阔斧的形态改变，更多的是进行内在软件与功能的迭代。而这种软性升级也让屏幕完成了从科技工具到交互平台，再到智慧生态的蜕变。

为“黑板”赋能

作为科技赋能的工具，智慧屏幕在很多场景中发挥着至关重要的作用，教学便是其中之一。

曾几何时，黑板、粉笔、板擦和标尺等工具才是教室的标准配置，电视与投影仪等设备仅仅用来播放一些课件。我们不止一次幻想过告别粉笔灰，使用炫酷的科技设备上课。而现在，一块智慧黑板将这些幻想全部实现。

作为教学中的核心工具，黑板其实和屏幕的形态非常接近。但屏幕的想象空间和可塑性要远远大于传统黑板，屏幕可以将教学相关的功能集于一身，从而实现教学的一体化和智能化。

首先，智慧黑板的触屏式功能取代了粉笔与板擦等传统耗材。比如上音乐课时，老师不再用粉笔画谱，只需张开手掌，用五指滑过黑板，一行标准的五线谱就完成了，既环保又节约。

其次，智慧黑板打破了传统教学工具的局限性。比如在数学课上，面对正方体六个面折叠和三视图等几何问题，老师只需要使用触屏黑板内置的数学软件，就能轻松画出各种图形，甚至还能自由地上色、旋转与展开，从而帮助学生更直观地理解教学内容。

最后，智慧黑板更大的价值在于能够实现物理空间融合。例如化学实验，以往都必须到实验室进行实物操作，效率低且危险系数高。而通过智慧黑板，老师可以直接把实验搬到屏幕上，进行可视化的模拟演示，过程中可以随意放大、缩小，突出细节重点，教学效率大大提高，又保证了实验安全。

智能设备的操作越简单，越能体现其背后强大的技术支撑。比如海信的一款智慧黑板，为了还原流畅的书写体验，开发了纳米触控技术；为了保护学生视力，研制了防蓝光内置LED晶片作为屏幕发光材料等。相信在未来，随着智慧黑板在场景中的进一步“学习”，它会变得更加智慧。

颠覆零售的“标签”

谁能想到，一块小小的屏幕却改变了整个线下零售的业态。

在很多线下零售场景中，以往用塑料卡片制作的价签都被以屏幕为主的电子价签所替代，上面不但显示有价格，还有优惠力度以及生产日期等信息。相比于传统价签，电子价签的“智慧”体现在哪里呢?

最直接的体现是，屏幕化的价签能够提供目前最高效的改价方式以及科学的管理模式。比如当门店商品有促销活动或者价格变动时，商家不再需要通过人工一张张更换价签卡，只需要在后台统一更改屏幕数据即可。同时，屏幕的内置传感器还能对商品情况进行实时监控，能够迅速感知货架异常摆放、缺货和断货情况，从而提醒管理人员及时调整，大大提升了门店的运营效率。

而这只是电子价签在零售场景中的基础应用。显然，这块小小的屏幕还拥有巨大的想象空间。作为集显示器、遥控器与传感器等多种功能于一体的智能终端，屏幕不仅能提供智能化的零售管理工具，还能打造零售商与消费者之间的新型交互平台。

越来越多的门店通过屏幕智慧化的升级，在电子价签中添加货品生产过程、产地介绍以及烹饪方式等广告视频，以此给消费者带来更直观的视觉体验。同时，消费者选择不同的烹饪方式，屏幕还会自动呈现配料的相关数据与货架位置，推荐购买，刺激关联消费，构建一个完整的消费体验场景。

更进一步构想，当自动物流机器人与电子价签深度结合，这块小小的屏幕就会成为整个线下零售的中枢，可统一配置场景与货物资源。到那时，真正意义上的无人零售将会实现。

家庭生态的“入口”

凯文·凯利曾经预言“屏读”时代的到来。在他的解读中，任何一块区域都可以搭载屏幕，同时能够形成一种跨屏交互的生态系统，智能家居便是朝着这个方向在发展。

实际上，早在1980年，智能家居的概念就已经出现。但随着人工智能与物联网等技术的不断迭代，各大厂商始终都没有解决一个最核心的问题：到底什么才是智能家居的中心入口？

传统的智能家居通过手机App来控制，但受限于手机屏幕小这一客观问题，多设备的监控与操控极为不便。后来，亚马逊与谷歌等厂商开发出了智能音箱，让很多人一度认为这就是未来智能家居的中心。然而随着家庭场景的不断深化，智能音箱声控交互的单一性与体验感不足等问题也逐渐显露出来。

家庭智慧屏可以很好地弥补手机App与智能音箱存在的缺陷。一方面，智慧屏集成了语音助手与设备监控器的功能，可以清晰地监测智能家居设备运行状态，实现远程操控。比如，智慧屏与电子猫眼打通，当门铃响起时，我们躺在沙发上就能看到门外是谁，然后通过屏幕一键开门。

另一方面，智慧屏的最大价值在于打破了传统意义上的家居定位，实现了在不同的生活场景下推送定制化的内容。比如当所有家居设备都装上了智慧屏，我们就可以在做饭时查看冰箱屏幕上的推荐菜单，化妆时通过智能镜面查看美白秘籍等，而不只是通过手机与电视获取内容。

由此可见，智慧屏不仅仅是一个中枢平台，简单地将各个智能家居设备连接到一起，它更是通过屏幕本身功能的集成性，打造了一个家庭场景下的智慧生态，而在这个开放的生态下，我们可以开发更多定制化的服务产品。

谷歌就发布了一款“睡眠感知屏”。它的核心是通过屏内麦克风、环境光和温度传感器来感知用户是否有咳嗽、打鼾等异常睡眠状态。而经过长时间的使用，屏幕采集到足够多的睡眠数据后，它就会联动其他家居设备为用户提供个性化的解决方案。比如睡觉前，它会将空调调至适合睡眠的温度并自动关窗隔绝外部噪声，以及提醒用户少喝水等。

未来，随着屏幕入口的进一步打开，更多的智慧生态将被实现，人机交互也会更智能、更自然。屏幕的智慧化升级表面波澜不惊，内在却风起云涌。或许10年后我们再回过头来看今天，已经判若两个世界。

第 3 节　量子点与“小李飞刀”，屏幕技术新浪潮

按照目前的市场价格，一块70英寸（1英寸=2.54厘米）的液晶电视售价为3000多元，还带有各种智能与网络功能。要知道，六七年前的价格至少上万元。再将时间倒推十几年，CRT（阴极射线管）电视逐渐退出历史舞台，等离子电视风靡一时，价格也要好几万元。

探寻这背后的规律，不难发现屏幕升级迭代，沿着一条清晰的脉络：从新技术应用到高价格问世，再到市场化普及与低价格竞争，最后又寻找更新的技术。

新技术为厂商带来超额利润，掀起一波波行业浪潮。站在此刻我们必须眺望：下一波新技术的浪花在哪里？

抢占“量子点”

从某种意义上说，屏幕产业的迭代就是显示技术的升级。从CRT到等离子再到液晶与OLED（有机发光二极管），显示技术历经一次次迭代，再一次走到了变革奇点上。而这一次的主角是量子点。

什么是量子点显示呢？量子点其实就是一种非常小的新型纳米晶体，当这种纳米晶体受到光电刺激时，就会根据其直径的大小不同而激发出不同颜色的单色光。简单来说，我们通过技术改变量子点颗粒的大小，就可以实现不同颜色的显示。

显示技术发展

阶段	显示技术	核心材料
第一代	CRT	阴极射线管
第二代	等离子	荧光粉浆料
第三代	LCD	液晶材料
第四代	OLED	有机发光二极管
第五代	QLED	量子点发光二极管

早在1983年，美国贝尔实验室就已经对这种纳米材料进行了研究。最近几年，以三星为首的屏幕巨头才真正将量子点技术应用于屏幕当中。究其原因，是量子点显示器可以在颜色、体积、功耗与性能等多个方面达到新的高度。

实际上，一个屏幕可以显示画面，最核心的内部元器件是发光显示板——由发光材料集成的面板。目前市面上最普遍的发光显示板有两种：一种是液晶显示器，它是通过在两个偏光板中间填充液晶，利用液晶的发光原理来进行发光；另一种是OLED显示器，它把液晶材料替换成了发光二极管，在色彩和反应速率上可以表现得更好。

而量子点显示器则跨出了更大的一步。它将量子点印刷到一层薄膜上，透过背光源形成三基色的量子点发光膜。基于这一原理，催生了量子点两方面的优势：一方面，材料体积更小，从微米突破到了纳米，所以色域和纯度更高，色彩控制精度也更高；另一方面，量子点显示的工艺能耗小，原材料使用率高，环境污染小，所以生产成本也更低。

中国屏幕在大尺寸量子点技术上率先取得了突破。2020年11月，京东方推出了全球首款55英寸4K主动矩阵量子点发光AMQLED（主动矩阵量子点发光二极管）显示屏，它采用了电致发光量子点技术，让显示器的分辨率、对比度和色域值比普通液晶屏幕高好几倍。

“卡脖子”的真空蒸镀机

有了新的材料，如何集成?

对屏幕制造而言，显示材料的结构其实相对简单，大多都是采用“三明治”的模型，就是在两个电极之间夹上一层发光层。复杂的环节反而在于集成，如果材料集成精度不高，会直接影响屏幕的质量。

这就需要一台高端的集成设备——真空蒸镀机，它被誉为“显示界”的光刻机。真空蒸镀机其实不是某一台单独的设备，而是一条独立的真空生产线，长达100米左右，是整个屏幕生产过程中至关重要的环节。

真空蒸镀机的核心作用是，在真空的环境中，通过电流加热、电子束轰击加热和激光加热等方法将有机发光材料精准、均匀和可控地蒸镀到玻璃基板上，就形成了我们看到的屏幕。

实际上，这个过程是极其复杂的。如果真空度过低，残余的气体分子量过大，大量蒸发物质原子或分子将与空气分子碰撞，会使膜层受到严重污染，甚至被烧毁。而真空蒸镀机则可以将有机发光材料蒸镀到基板上的误差控制在3微米内，这是非常惊人的精细度。

这种核心的技术壁垒，也造成了行业“一机难求”的局面。全球最高端的真空蒸镀机基本上被日本的Tokki公司垄断，一台机器的售价高达10亿元人民币，甚至比光刻机还贵。即便如此，全球的屏幕制造商也争先恐后地争夺这张“入门券”，因为蒸镀机是屏幕面板的“心脏”。

为了摆脱这种“卡脖子”的困境，国内很多企业已经开始尝试自主研发。比如合肥欣奕华智能机器有限公司研发的蒸镀机设备，已经能在小尺寸屏幕面板上使用，其对位精度也已达到国际先进水平，部分机型甚至做到了国际领先。众所周知，加快核心技术及设备的自主研发是未来中国屏幕突围的主要路径。

切割屏幕的“小李飞刀”

新材料与集成技术逐渐成熟，作为核心工艺的最后环节，屏幕切割也必须跟上脚步。

随着量子点显示技术的进一步成熟，全面屏、刘海屏、水滴屏与折叠屏等异形屏设计日渐风行，新一代屏幕元器件的空间尺度也已经被推进到了微米甚至纳米级别。而要在这个空间内进行超精密切割，又是一个复杂的难题。

传统的切割方法不但速度慢，而且精度低，特别是面对像U角屏幕这样的水滴屏，极容易造成较大的毛边损伤。而要解决这样的问题，必须同时具备超快的速度与超高的精度，飞秒激光切割技术则成了下一个切割技术趋势。

1飞秒是1秒的一千万亿分之一。它有多快？举个形象的例子，即使是真空中的光，在1飞秒内，也只能走300纳米。而飞秒激光切割的核心就是通过输出飞秒级别的激光脉冲宽度，以极快的速度将其全部能量注入微纳米级的材料中进行加工。

与传统工艺相比，它的切割强度高、速度快、边缘效果好、不受加工形状限制，而且可以自动分离废料，无残渣。因为在数飞秒的时间内，高密度的能量让飞秒激光与材料相互作用的时间极短，等离子体还没有等到把能量传递给其他材料，就已经从材料表面被烧蚀掉，所以不会给周围的材料带来热影响，达到“冷加工”的效果。

比如在柔性屏幕的加工上，飞秒激光切割是一个极佳的解决方案。柔性屏幕加工需要在非常薄的显示膜上加工微小的、形状各异的孔洞，从而集成各种各样的芯片与电路，而通过飞秒激光技术来切割，才能既精密地刻画又保证不破坏材料本体。

以现阶段的全球屏幕产业来看，飞秒激光技术是一项极其高精尖的超精密加工技术，而大部分成果都掌握在美国与日本等国家手中，市场价格也一直居高不下。但是，中国正在试图突破这一技术瓶颈。

例如，青岛自贸激光科技有限公司就已经开始进行飞秒激光领域的研发，并开发出了全世界首个掌上型飞秒激光种子源，以及中国首台全光纤飞秒激光器的成品。目前，中国科学院高能物理研究所、华中科技大学、国防科技大学等多家科研机构，甚至美国三大光学中心之一——罗切斯特光学中心，都购买过青岛自贸激光科技有限公司的种子源产品。未来，随着激光脉宽的缩短，国产飞秒激光器也将更多地走向国际舞台。

实际上，屏幕制造是一个复杂、精密且赋有极高产业链价值的产业，每一个环节都需要顶级的生产工艺。虽然现有技术都掌握在巨头手中，但随着未来屏幕的大小、形态、形状以及操控模式进一步迭代，创新型企业只需要找准一个突破口，完成变革式创新，就可以在未来的产业生态中开辟新的天地。

第 4 节　沉浸式体验：无屏胜有屏

或许，屏幕的终点是无屏。

1895年12月28日，人类历史上第一部电影《火车进站》上映。虽然这部电影只有50秒，而且情节简单，但在当时却让人们第一次体验到了屏幕带来的震撼——火车头由远方一个黑点向观众呼啸而来时，逼真的画面吓得观众四散而逃，生怕被火车活活压死。

这是人类光影技术革新的开端，也是开启智能时代的钥匙。如今，显示技术日新月异，人们再也不会被初级的“虚假”画面所欺骗，我们似乎看透了屏幕的本质。就算显示效果再逼真，人们也能分辨何为现实。

所以，如何打破屏幕边界，重构虚拟与现实交织的场景，让人们再次获得感同身受的沉浸式体验，是留给未来显示技术的考题。

创造虚拟的世界

如果人们不觉得它是虚假的，那么它就是真实的。从辩证的角度来看，所谓的现实其实是一种主观感受，而VR就是在这样的基础之上，创造了一个虚拟现实的世界。

VR虚拟现实技术也称灵境技术，它是利用计算机模拟产生一个三维虚拟世界，并为使用者提供视觉、听觉和触觉等感官模拟，使用者通过可穿戴设备就能进入不同的虚拟场景，真正体验到身临其境的观感，同时可以高效、及时且毫无限制地观察三维空间内的任何事物。

实际上，经过多年的发展，VR在很多关键技术上完成了突破，并在实际应用场景下发挥出了非常重要的价值。

我们知道，VR中最基础的一项技术是立体显示技术，它可以让各种模拟器的体验仿真更加逼真，创造一个非常真实的场景。很多高校将这种技术应用到红色教育中，学生戴上VR头盔，可以自由穿梭于“毛泽东纪念馆”“井冈山革命纪念地”等虚拟展厅，沉浸式体验全景，感受红色文化。

但是，仅有立体显示技术是远远不够的，要打造更真实的虚拟世界，还需要采用真实感实时绘制技术。简单来说，它可以根据用户的需求生成一个动态变化的虚拟世界。

例如，在自闭症患者的康复治疗上，VR技术就能取得很好的效果。自闭症的一种典型症状就是对一些外部环境过度敏感，比如闪烁的灯光、车辆的喇叭声以及其他特定物体的声响。对一般人来说，可以选择性地忽略掉噪声，但是自闭症患者却容易被这些多余的、无用的信号引发烦躁感和恐惧感。VR技术可以创造一个虚拟空间，并基于患者的接受度不断调整环境，让他们进行模拟适应训练，从而进行个性化的康复治疗。

VR的想象空间远不止于此，虚拟环境下的人机自然交互技术是未来最有价值的应用突破。它不仅仅要求能看到，还要能操作。

重庆第五维科技有限公司致力于开发VR虚拟空间交互技术，已经在多个领域实现应用。比如在军训领域，可以通过定制化的可穿戴装备，在虚拟环境中进行真实的对抗模拟训练；在医疗教学领域，可以通过医疗可穿戴设备，在虚拟空间完成身体理疗、穴位按摩以及紧急护理等教学培训。实际上，VR的虚拟空间交互技术不但打破了时间与空间的限制，还降低了成本与风险。

无屏还是雾屏

如果说VR是单独创造一个虚拟世界，那么雾屏成像则是将虚拟融入现实中来。

一个不争的事实是，无论屏幕技术如何成熟，哪怕是折叠屏与柔性屏，作为一台以实物材料为主的显示器，始终有其客观局限性。

一方面，在平板的显示器上，即使显示技术再发达，如果不通过可穿戴设备的辅助，也无法呈现完美的3D画面；另一方面，屏幕越大，生产成本就越高。柔性发光材料的价格本身就非常昂贵，当屏幕超过100英寸后，不但需要更多的耗材，而且为了保证显示亮度，能耗也会大幅增加。

那么如何突破这一桎梏呢？雾屏成像技术成了最优的解决方案之一。

实际上，雾屏成像的本质还是投影技术，但传统的投影需要将光影投到幕布或者墙上，而雾屏则摆脱了实体幕布的限制，通过人造雾形成一层很薄的水雾墙，再将画面投射在水雾墙上，呈现“海市蜃楼”般的空中立体影像。现阶段，很多大型晚会都采用雾屏成像来替代传统的LED屏背景，它的三维立体效果更能给观众带来空灵、虚幻和仙境般的视觉享受。

雾屏成像在显示技术上已经是一个极大的突破，而如果要进一步开发其潜在价值，有一个方向就是开发自适应智能光影技术。

雾屏成像的原理是通过衍射技术，将光波和影像投射到空气雾屏上，从而形成立体的动态虚拟画面。可是这个画面是固定的、提前设计好的，假如我们通过智能化的手段让它可以自动调节，则很多“魔法”将成为现实。

例如隐身技能。我们可以利用空气中的雾屏画面去主动适应快速变化的周边环境，通过光学原理来隐藏人或车辆不被发现，像穿着“隐形斗篷”一样。

可操作的空气

如果不可操控，屏幕便失去了作为智能入口的价值。

对于各种全息投影技术而言，呈现立体的虚拟画面相对容易实现，但要在空气中完成画面操控，还需要解决一些技术难点。

其中最重要的就是虚拟触感反馈技术：如何让用户在虚拟的空气环境中得到类似于实体触碰按键的手感。目前，有两类技术正在努力解决这个问题。

第一类是超声波触觉反馈技术。这项技术的核心是将超声波集中在皮肤上，通过声波的力量让皮肤产生触觉。而用不同的频率振动皮肤，可以创造出不同的感觉，从而使它触摸起来像是不同的形状。

实际上，德国汽车厂商在2017年就已将这项技术运用到一辆全新的概念汽车上。在全息投影出来的虚拟汽车中，通过超声波震动给驾驶员发送不同的虚拟触感按钮，让驾驶员可以在车内操控不同功能的按钮。

第二类是静电触觉反馈技术。它主要是将独立的电极分布在各个按钮当中，这些电极通过改变极性来产生排斥手指或者吸引手指的感觉，从而让手指在按下虚拟按键的时候，有一种敲击物理按键的感觉。

比如在疫情期间，为了实现零接触，控制病毒传播，日本汽车后视镜、光学设备制造商村上开明堂携手创业公司Parity Innovations，共同开发了一款悬浮于空中且无须接触的虚拟触控屏幕，应用于电梯按钮以及公共开关按键等场景。

它的技术核心就是通过新型的光学组件，将物体发出的光线切割成小块，接着根据几何光学原理进行收集与重组，使这些小块的光线在空中形成图像，让用户不必触碰设备，便能像平常一样操作。而基于这项技术，很多类似于虚拟键盘、虚拟钢琴等工具也被开发出来。

虚拟触感反馈技术的问世意味着虚拟世界与现实世界之间的距离又被拉近了一步。或许在不久的将来，科幻电影里那些虚实融合的场景也终将实现。

第3章　器：百花齐放的应用畅想

第1节　智能家居：跨越单体与生态的“天堑”

与其他智能化产业不同，智能家居是一个仅凭概念就能带动产业发展的领域。

最近10年间，资本对智能家居项目疯狂追捧，许多项目还在“PPT阶段”就能收获几百万元的融资。与此同时，智能家居也吸引了互联网巨头、智能硬件厂商以及白色家电企业的投资，空调、音箱和冰箱等一众传统家电，都成了智能化改造的对象。

热闹归热闹，从功能和生态上看，智能家居离我们愿景中的形态仍有不小的距离。那么，是什么制约了智能家居的进一步发展，这个产业又该如何跨越这些障碍？

迟到24年的热潮

如果要为智能家居找一个时间原点，那一定是1997年。

彼时的世界首富比尔·盖茨，在华盛顿打造了全球第一套智能豪宅。这个当时造价6亿美元的别墅，已经实现了现在大部分智能家居的功能：面部识别进入、无线控制中枢、智能化感应装置以及远程视频监控等。为此，微软还专门拍摄了一则电视广告，展现智能家居系统的强大与便捷。

但在之后很长一段时间，由于技术水平的限制以及硬件成本的制约，几乎没有企业跟进智能家居。转机出现在2014年，谷歌收购了一家做智能温控器的公司——鸟窝实验室（NEST Lab）。同年，苹果在全球开发者大会上推出了智能家居平台“HomeKit”，授权通过认证的家具产品接入其系统。

巨头们的步调一致并非巧合。智能家居有两个必备的要素：联网与互动，两者都是典型的“技术驱动型”功能，也是智能家居行业诞生的基础。2014年，Wi-Fi、蓝牙和5G等技术的逐渐成熟，联网不再是难事，而物联网、人工智能和云计算的面世，则让人机互动成为可能。

国内厂商们也敏锐地嗅到了商机，开始快速布局智能家居行业。在那个时间段，不仅华为与小米这样的手机厂家加入进来，甚至美的、海尔和苏泊尔等传统家电厂家也在跃跃欲试。除此之外，OEM厂商和线下家装市场也在悄悄行动。要知道，初代的智能家居产品门槛并不高，灯泡与插座等产品只要加一个通信模块，就能实现简单互联与控制。正因如此，那时许多三、四线城市的家装市场里，也出现了大批粗糙的智能家居产品，卖得甚至比大品牌厂家更好。

众多的市场参与者让初期的智能家居呈现出两大特征：

第一，生态平台混乱。为了实现控制功能，每一个产品都需要下载对应的App。这些App无法做到互联互通，操作方式也五花八门，导致早期用户的产品使用体验极差。

第二，通信协议冗余。初期的智能家居产品，通信协议十分混乱，Wi-Fi、蓝牙、低功耗蓝牙、紫蜂（ZigBee，短距离无线传输协议）等连接方式层出不穷。甚至同一品牌的不同产品间，通信协议也完全不同，比如空调用蓝牙，音箱却用Wi-Fi。

总的来说，初代智能家居面临的核心问题主要体现在兼容性层面。道理非常简单，互联网企业要流量，家电企业要销量，智能硬件企业要利润，谁都不愿放弃自己的利益诉求。

打破 B 端的互联壁垒

“智能家居到底是什么？”经历过初期的乱象后，用户和企业都开始思考这个问题。

实际上，智能家居是一个综合的生活场景。它并不由单一的功能构成，其作用在于让家居产品相互协同，能够按照屋主的需求来工作。理解清楚这一点，也就明白了智能家居的核心应该是功能的平台化集成。

但这样的集成并非一蹴而就，它需要经历智能单品、物物联动和平台集成三个阶段。

智能单品在初代智能家居中已经实现，我们所熟悉的智能音箱和智能插座就是这样的产品。物物联动则是企业通过整合自己旗下的所有产品，或整合第三方企业的产品，使它们之间可以产生联动关系。当前智能家居所处的就是物物联动阶段。以小米的智能家居系统的清晨场景为例，当用户起床时，部署在床边的传感器可以感知用户穿鞋的动作，自动打开窗帘，并点亮卫生间的灯，其智能音箱还会顺带播报当日天气和行程安排。

最困难的是平台集成。这个阶段要求的是房屋内真正实现万物互联，而非依赖于某个软件集成商或者硬件厂商。简而言之，即A公司的系统开关可以控制B公司的空调，C公司的感应系统可以控制D公司的扫地机器人。过去，Wi-Fi和蓝牙都曾被寄予平台集成的厚望，但前者支持的设备覆盖数量极其有限，而后者硬件部署成本过高。

小米董事长雷军曾透露平台集成难以推动的原因：商业通道和技术通道没有打通。

商业方面，家电厂商的利润已经被智能硬件企业压缩，原有的20%毛利，如今仅剩5%左右。而利润的大幅缩水则进一步限制了技术投入，让厂商失去了研发主动性，致使技术鸿沟越来越大。

在两难的境遇之下，华为打破了僵局。2020年初，华为发布了自己的智能家居平台集成系统——HiLink。HiLink以联网协议为切入口，为屋内设备提供互联互通的基础。系统支持蓝牙、Wi-Fi等多种通信协议，只需加入一个成本不足5元的通信芯片即可实现连接，极大地节省了家电厂商的成本。其自主研发的轻量化操作系统，内核仅有10kB大小，足以匹配所有入口硬件。最重要的是，整个HiLink平台系统对合作方完全免费开放，也不限制非合作伙伴的接入。

开放化的平台集成解决了智能家居硬件协同不足的问题，而免费的接入模式也大大降低了传统家电入局智能家居的技术门槛。这不失为一种智能家居走向平台化集成的可参考样本。

下一个切口：全屋智能

尽管平台集成降低了家电企业参与智能家居的门槛，但用户的智能家居体验仍然等待释放。

《纽约时报》曾经做过一个有趣的调查，在影响消费者选择智能家居的因素中，价格昂贵与部署麻烦分别排在前两位。原因不言而喻，设备的数量与协同程度直接影响着智能家居的综合体验。除非用户一次性购买十几个智能家居设备，否则是无法获得完美使用体验的。

另外，家电的使用寿命极长，像电视、冰箱、门锁等设备，其使用时间往往超过十年。倘若用户选择更换新的智能家居设备，必定要处理旧设备，造成的浪费都成了沉没成本。而开关、空调等设备的更换更为复杂，不仅需要专业的拆除工具，还有可能对墙体和电路进行大幅更改。

想要解决更换过程中的种种问题，必须从底层寻找突破口，全屋智能的家装模式便由此而来。

全屋智能的核心，在于从家装阶段部署智能家居所需要的底层设备。主要方式是将模块化的家庭智能主机作为房屋的“控制大脑”，它囊括了光猫、路由器、硬盘、传感器、温控系统和中央控制系统，从而取代后续安装过程中繁杂的部署规划。

目前，华为和云米都提出了类似的全屋智能家装方案。以云米全屋智能系统为例，其包含一台主机和两个网络。主机是对传统的家庭弱电箱进行改造，将过去杂乱无章的电箱整合成智能主机，使其成为一套由控制、组网、计算和扩展模块等组成的控制系统，成为房屋的控制中心、连接中心和计算中心。

两个网络指的是窄带物联网和家庭宽带网。其中，窄带物联网用于实现智能设备和“水光声”系统之间的互联互通，把居家空间中的安防、照明和娱乐等系统融合在一起，从而实现感知与联动。家庭宽带网就是传统的通信网络，连接计算机、电视和手机等设备。之所以将两者分开，主要是为了解决不同设备间的兼容问题，也避免了相互间的通信干扰。

为了覆盖更多的居家场景，云米甚至将马桶这种过去不被待见的硬件也纳入了系统中，加入了诸如体重、心率和血氧监测等功能，供用户实时掌握健康动态。

值得一提的是，虽然功能琳琅满目，但全屋智能还处于初期阶段，其价值模式也还需要再验证。毕竟，动辄数十万元的部署成本，以及后期高昂的维护费用，从侧面说明了它短时间内不会是一个普惠的解决方案。行业所期待的智能家居大爆发，可能还需要一段较长的时间。

第 2 节　机器人总动员：人机耦合与机械生物

作为智能时代的重要载体硬件，智能机器人一度博取了大量关注。从代替人类工作到统治人类社会，这种博人眼球的讨论火热了很长一段时间。

但近年来，舆论与市场终归于理性。毕竟，拥有独立思考能力和人类情感的智能机器人仍遥不可及。

智能机器人厂商也开始重新思考行业的本质与价值，与其追求遥不可及的强人工智能，倒不如踏实地探寻产业与市场中的潜在机会。

“人机耦合”的新时代

每一轮机器人产业的发展，都有一个显著的时代标志。

上一个目标的出现是在1974年，整个行业都在疯狂追逐着“强人工智能”的愿景。结果自然不言而喻，技术想象的不切实际导致了产业的工程化困境，行业泡沫很快破裂。

如今，人们对智能机器人的目标设定谨慎了许多。高度智能与自我决策等概念已不再是主流，取而代之的是“实现部分智能”。例如，让机器人执行人类难以处理的重体力、高重复劳作，或是协助人类更加高效地完成工作。前者我们已经很熟悉，绝大部分工业机器人已经实现了这一功能，而后者协作模式，正逐渐成为智能机器人发展的主要方向，业内称之为“人机耦合”。

如何理解人机耦合呢？在智能机器人领域，它指的是人与机器人相互作用与影响的关系，即机器人去做那些烦琐的、例行的流程化工作，而人提供创造性的智慧。其中，协作机器人是人机耦合最主要的代表应用。

不同于传统机器人，协作机器人就像是一个自动化工具，同时具备安全、灵活、高效三大特点。它可以安全地与人类近距离完成协同工作，无须设置隔离围栏。协作机器人非常适合于那些多品种、小批量生产以及简易操作要求更高的岗位，也适合于那些空间紧张，需要强调安全的工作场合。

以医疗场景为例，日本理化学研究所在2019年开发出了一款“机器人护士”，其主要作用是搀扶或怀抱病患，从而帮助他们完成如厕或坐轮椅。这个“护士”拥有智能视觉和传感器系统，可以相对准确地判断病患体态和体重等数据，并以比较舒适的速度进行移动。对一些行动不便甚至瘫痪在床的老人，机器人护士帮助人类完成护理工作中最为吃力的部分，使人类有更多的精力去专注治疗和康养过程。

在配药场景中，机器人护士也是一把好手。比如上海仁济医院就在化疗中心引入了配药机器人。要知道，化疗药物大多具有毒副作用，会对医护人员造成不可逆转的损伤，但机器人护士却完全不用担心这个问题。凭借高精度的机械臂和人工智能视觉系统，机器护士可以无害化地完成配药过程，并将药液配比的准确性提高到0.01毫升，让癌症病人获得更加精准的放化治疗。

从这些案例上看，尽管协作机器人没有多少酷炫的功能，但它们却因为极其稳定的工作表现深受市场欢迎。它们所代表的正是人机耦合时代中最为坚实的技术底座，也为智能机器人产业的横向拓展提供了可复制的样本。

被擦掉的“边界”

2018年，亚马逊CEO杰夫·贝佐斯在社交媒体上发布了自己遛狗的照片，瞬间收获了近3万次点赞。

值得一提的是，这不是一只普通的宠物狗，而是知名特种机器人公司波士顿动力（Boston Dynamics）所发布的明星产品——斯波特（Spot）机械狗。斯波特的火热，逐渐呈现出智能机器人领域的一大趋势，即“边界”的模糊。

过去，机器人主要分为三类：工业机器人、服务机器人和特种机器人。我们从名称上就可以看出各种机器人的不同：工业机器人用于实现各种工业加工和制造功能，服务机器人主要从事监护、交流等服务功能，而特种机器人则是一种供专业人员操控的工作机器人，专门用于执行复杂危险的任务。

如今，机器人的分类边界正在变得模糊。尤其是在企业需求方面，传统细分机器人已经逐渐失去价值，取而代之的是把机器人与智能化技术进行融合，打造具备移动、感知和判断等功能的复合型机器人。从形态上看，特种机器人能够集成工业和服务机器人的多种功能，也就顺理成章地成了复合机器人的最佳载体。

作为特种机器人的代表，此前提到的波士顿动力是一个非常成功的案例。

这种成功源于设计层面。波士顿动力在设计初期，便将产品定位为一个模块化的平台，而非单一场景中的功能机器人。这个拥有着狗类外形的机器人，主要由运动系统、视觉传感系统、中央控制系统和供电系统组成。每个系统之间既可以协同合作，又可以独立工作。

除此之外，通过开放应用程序接口，用户可以在产品上加装应用，从而实现机器人功能的扩充。比如，加装摄像头实现监控功能，加装机械臂实现搬运功能，加装传感器实现灾害救援功能等。

2020年3月，美国马萨诸塞州警察局部署了一批波士顿动力机器狗，还专门加装了机械臂、摄像头、枪械支架和扩音设备。其公布的视频资料显示，机器狗可以熟练地打开疑犯家房门，并用麦克风对内喊话，甚至在危险情况下完成精准的射击操作。同年10月，马萨诸塞州警方凭借机械狗快速找到了一名校园枪击案凶手，并将他击毙在房间内，其优秀的作战表现获得了警方一致认可。

造梦“机械生物”

技术的加持让智能机器人不再满足于宏观世界，而是将目光投向了更加复杂的微观世界。

其中，以生物机器人为代表的前沿技术，正逐渐走出实验室，进入多个应用环节。从严格意义上来说，生物机器人是利用单细胞打造出来的，具有特殊功能特性的一种微型机器人。

生物机器人发展已经有20多年，它是将生物细胞分离出来，在实验室里培养、修改后制作而成的。最常见的生物机器人制造技术是将细胞放置在一个人造的金属支架上，诱导其按照人类意志移动。

首个成功例子是美国在2016年合成的机器鳐鱼。这个生物机器人体长仅有16毫米，质量不到10克，外形与大海中的鳐鱼非常类似。科学家们首先使用一层透明的弹性聚合物，作为微型鳐鱼的主干部分，随后将大鼠心脏细胞以蛇形图案均匀分布在表面，并用黄金打造了一个支撑骨架。当这只微型鳐鱼被蓝光照射时，体内细胞便会收缩，从而带动整个躯体弯曲，模拟海中鳐鱼的行进姿势。

当然，生物机器人的意义远不止简单的仿生，更重要的是医学应用，尤其是肿瘤治疗。

在肿瘤疾病中，胶质母细胞瘤是最难治疗的，核心原因是缺乏精准的“给药”。由于血脑屏障和血肿瘤屏障的存在，进入大脑肿瘤部位的治疗途径非常有限。如何使药物突破血脑屏障，完成靶向的主动递送，是过去胶质瘤治疗的主要难题。

依托生物机器人技术，哈尔滨工业大学的贺强教授和吴志光教授找到了突破口，双方合作开发出了一种可以游动的微纳米机器人。这个微纳米机器人由中性粒细胞吞噬磁性水凝胶制备而成。它可以稳定地携多种抗癌药物，并依靠生物控制系统“游到”病患的脑部区域。抵达患处后，该机器人会在系统的操控下，将药物精准地释放到病患处，从而实现精准靶向治疗。

生物机器人凝聚了医学、制造科学、生物学和化学等多个学科的前沿技术，是一项极具创新意义的合成组织工程学研究，也是智能机器人领域最为尖端的应用之一。虽然这种被人类创造出来的机械生物目前还停留在实验室阶段，距离实际应用仍有很长一段路要走，但是想象力的种子已经埋入土壤，未来它或许可以应用于多个场景，比如寻找飞机黑匣子、搜索放射性源头以及清理血管栓塞等。

第 3 节　3D 打印：智能制造的超级符号

从时间轴来看，3D打印从概念提出到实际应用，已经走过了近130年历史。

1892年，美国登记了一项采用叠合方法制作三维地图模型的专利技术。1979年，前东京大学的中川威雄教授发明了叠层模型造型法。如今，3D打印已经逐渐在各行各业深入应用。这就是3D打印的前世今生。

倘若用一句话概括3D打印，最为贴切的应该是“上上个世纪的思想，上个世纪的技术，这个世纪的市场”。其实，任何技术的成熟都不是一蹴而就的，但像3D打印这样经历了百年进化史的新技术，确实非常少见。

“逆向增材”里的玄机

虽然被称为“打印”，但3D打印的本质其实是制造的一种工艺。

在传统的制造场景中，主要有两种塑形工艺：一种是减材，另一种是等材。假如，我们现在需要制作一个手机的金属模型。减材就是将一块长方形的金属块，通过机床进行各种切割和挖空。这是比较通用的做法，其优点是速度较快，但缺点是浪费材料。

而等材则是将材料熔化成为液体形态，倒入磨具当中，然后经历锻打和淬火等过程，铸成一个和原材料差不多重的手机模型。这样的工艺已经有3000多年的历史，比如我们熟知的铸剑、铸币和铸鼎等。等材的优点当然是节省材料，但缺点是可制造的产品非常有限，其自身的精度也受到模具精度的限制。

相较之下，3D打印是一种全新的制造工艺——逆向增材。

简单来说，在3D打印场景中，产品会先被后台系统虚拟“切割”成无数个平面，接着打印喷嘴会从底部开始，将每一个平面喷涂打印并依次叠加上去，最终成为一个由无数“面”叠加而成的“体”。这种从下至上、从少到多的逆向增材制造工艺在一定程度上解构了传统制造流程，可以实现一些复杂体结构的快速生产。

基于其独特的工艺，3D打印也带来了生产方式的极大改变：

首先，实现无损耗生产。比如工业领域常见的涡轮发动机叶片，结构复杂且精度较高，往往只能采用减材制造手段。有时候，为了加工一种50千克的叶片，经常需要300千克的原材进行切挖。而3D打印则只需要50千克的原材就可以打印叶片，既满足了复杂的工艺要求，也减少了庞大的物料浪费。

其次，实现大规模定制。尽管柔性生产、C2M（用户直连制造）等概念的提出已经过去很多年，但制造业对定制化的问题一直没有解决。主要的问题是开模成本居高不下，一套模具少则几十万元，多则上百万元，只生产一件产品显然非常不经济。3D打印则完全不用担心开模成本的问题，只需在后台将产品的3D模型构建好，机器便会按照系统要求进行定制化生产。

最后，实现复杂工艺生产。复杂工艺的实现源于3D打印独特的层叠式生产过程。比如在珊瑚礁保护方面，过去的方案是用混凝土代替珊瑚礁，但无法模拟其表面复杂的沟壑与细小的洞穴，导致鱼类无法依附安家。现在，海洋生物学家可以使用3D打印技术，将石英砂作为材料，制造出各种形状的珊瑚礁形态，助力海洋生态的保护。

重工业加速器

重工业是一个独特的行业，包括化工、石油和天然气、造船、铁路和采矿等。重工业的零件生产通常是少量制造，并且按订单设计以满足特定的应用需求，其小批量生产的特点通常也导致时间长和成本高。

面对重工业的“大考”，3D打印的表现又如何呢？

2019年初，南京地铁四、五、六号线同时开工，庞大的工程量需要很多台盾构机通过巨大的刀头切削岩石，进而打通地下隧道。由于长时间的隧道挖掘作业，许多盾构机的刀头磨损非常快。为了保证工期按时完成，就必须及时更换刀头。

对此，南京的中科煜宸公司采用了3D打印的解决方案。其原理非常简单，中科煜宸先构建出刀头的三维模型，然后将它输入到3D打印设备中。接下来，系统会根据刀头磨损情况进行自动分层和打印规划，再将特制的金属粉末通过激光烧熔后形成打印原料，一层一层地“涂抹”在原有刀头上，使其变得再度锋利起来。

同样的应用还出现在采矿领域。矿井内有多种腐蚀性物质，为了保证采煤机械正常运行，必须每年在机械表面电镀上一层防腐材料，防止其氧化和锈蚀。然而，电镀是一种污染极大的工艺，许多地区已经将它列入负面清单。

3D打印就是电镀更好的替代。工业3D打印机可以对采煤机械进行外层打印，覆盖一层极厚的抗氧化金属膜。不但价格仅有电镀的1/3，其寿命也能达到10年左右，大幅降低了机械维护成本。

从本质上看，3D打印为重工业提供了一种节约成本的解决方案。无论客户需要1个还是100个零件，每个零件的成本和交货时间都能稳定不变。而从趋势上看，3D打印正在为重工业迈向高精密制造提供工具。

高精密制造已经成为全球制造业竞争的焦点。由此带来的精密化、精准化和微小化，导致制造难度不断提高、制造成本显著提升，传统方式难以达到要求。

位于重庆市两江新区的摩方精密科技有限公司（以下简称“摩方精密”），是目前全球唯一能制造打印精度达2微米的超高精密3D打印系统的企业，业内普遍精度水平为50微米。目前，摩方精密已为全球超过25个国家、近700家企业与院所提供了超高精密的3D打印设备、材料和打印服务。

骨骼打印

不只是制造行业，另一个正被3D打印改变的是医疗领域。

当前，3D打印在医疗领域应用最广的是假体和器官打印。在人的身体中，可替换程度最高的是骨骼与牙齿。这些部位的功能比较单一，结构也非常简单，大多用于辅助人体动作。所以，假肢与假牙等早已进入医疗领域，补全病患的身体功能。

传统义体和假肢的制作造价高昂，且非常依赖医生的经验。一旦出现测量误差，就会造成假体匹配程度差的情况，影响病人的后续生活质量。而3D打印与人工智能成像技术的结合，可以很好地规避这些问题。

2019年3月，澳大利亚塞斯洛（CSIRO）公司使用3D打印技术，为一位54岁的胸壁肉瘤女性患者打造了一块全钛合金的胸骨。他们使用人工智能成像技术，先对患者胸骨的缺损部位进行设计，然后将相关数据输入3D打印系统，制造出了一体化的胸骨结构。在手术过程中，这块残缺的胸骨几乎以100%的匹配程度实现安装，而且仅花了不到800美元的材料费用。在手术完成之后的两年中，患者的身体情况一切良好，没有出现任何排斥问题。

假体制作顶多只是3D打印的“常规操作”，它最为神奇的应用是器官的打印。人体的每一个器官都有大量的血管，越是体积庞大的器官，血管系统越是复杂。此外，只是打印出形状远远不够，血管还要求拥有一定的膨胀度，以便在血流变化时给予弹性的流量支持。

2019年5月，美国《科学》杂志刊登了莱斯大学生物工程师乔丹的一项生物3D组织打印技术，正好攻克了血管打印这一障碍。团队将此前的3D打印技术进行了改良，更换了更加细小的打印喷头，并将打印材料换成液体的水凝胶溶液。

在打印过程中，系统一次生产一层软水凝胶，并通过旁边的蓝光发射器将其逐层固化。通过这种方式，该系统可以在几分钟内生产出具有复杂内部结构的柔软生物相容性凝胶。这些凝胶打印出来的组织，不但坚固而且极具弹性，还可以在血液流动和心脏跳动的过程中实现弹性化的扩展与收缩，与真的血管几乎一模一样。

为了验证打印组织的可用性，团队还将打印出来的肝组织植入实验小鼠体内。结果发现，这些打印组织不仅能够成功存活，还完成了小鼠的肝细胞损伤治疗，震惊了整个医学界。

目前来看，尽管3D打印器官只是一项停留在实验室中的技术成果，但它有朝一日必定会为器官损伤修补提供强大的支撑。

第 4 节　可穿戴设备：监测与干预之间，到底隔了什么

可穿戴设备正迎来第二波发展高峰。

国际知名研究机构IDC（互联网数据中心）的数据显示，2020年全球可穿戴设备出货总量为4.4亿部，较2019年增长了28.4%。

与之前不同的是，这次带领产业发展的，不再是我们常见的智能手表、智能眼镜和智能手环。取而代之的是癌症辅助治疗贴片与阿尔茨海默病恢复手环等具备部分医疗价值的可穿戴设备。它们都有一个共同的特点，即用先进技术辅助甚至主导疾病的治疗。

这种转变的背后，是可穿戴设备从全能型到专用型的聚焦式创新。

要“整合”，更要“细分”

可穿戴设备的意义到底是什么?

2014年时，这个答案是“入口”。彼时，用户手机保有量增长放缓，各家厂商都在试图寻找新的用户数据入口。那时的可穿戴设备多是手机功能的延伸，实现了接打电话、查看信息

与闹钟提醒等基础功能。

起初，这些新奇的设备还能收获一批喜欢尝鲜的用户。但随着审美逐渐疲劳，新鲜感也逐渐下降。

2017年，欧美兴起了全民运动的热潮，可穿戴设备再次乘着趋势而起。围绕运动为主要需求，以运动量记录、心率监测和GPS定位为主打功能的可穿戴设备深受用户们欢迎。为了收获更多利润，各家厂商还在可穿戴设备中融入了饰品属性，从而催生出制作精美、造型别致的智能项链和智能戒指等产品。在这个时期，可穿戴设备的价值是“运动监测”与“审美需求”。

如今，可穿戴设备的核心意义变成了用户的“健康管家”。血压、心跳、呼吸和睡眠等与健康相关的数据，逐渐被纳入可穿戴设备的监测范围内。需要强调的是，主打健康并不是对过去的彻底放弃，而是一种“既要”和“也要”的兼顾。

一方面，整合大众刚需功能的可穿戴设备（如智能手表和智能手环等）依然深受消费者喜爱；另一方面，针对特定需求的可穿戴设备（如智能皮肤贴片和智能头环等硬件）开始得到市场的认可。

以一个高龄的高血压患者为例，他需要包括血压、体重、心跳和呼吸等指标的监测。但由于疾病的原因，他也希望定期检测血糖与睡眠。倘若他有心脑血管方面的疾病，可能还会希望有更专业的心电图检测。由于技术上的限制，血糖监测很难和普通的可穿戴设备融合，这就需要由专业化的设备来承载额外的功能。

2020年，雅培（Abbott）公司推出了拥有14天续航的可穿戴血糖监测产品——自由贴片（FreeStyle Libre）。用户只需将硬币大小的感应片贴在手臂内侧，就能完成24小时的全天候血糖监测。它的工作原理是通过感应器对皮下组织间的葡萄糖浓度进行监测，从而实现对用户血糖水平的间接反映。与此同时，自由贴片还可以通过蓝牙方式与手机进行互联，用户可以在手机、手表和计算机等多个终端上实时查看血糖数据。

目前来看，这种针对特定人群的可穿戴设备已经获得市场的认可。它们既从功能层面弥补了整合式设备专业化的不足，又从细分层面满足了部分人群的特定化需求，未来注定会有广阔的发展前景。

要“防病”，更要“治病”

2020年4月，知名医疗咨询企业“健康之石”（Rock health）发布的新一期数字医疗报告显示：随着新冠肺炎疫情的到来，消费者对可穿戴设备的需求发生了明显变化。他们摒弃了以监测或健身为主要功能的设备，转而寻求在疾病诊断与治疗上有所帮助的设备。

一直以来，可穿戴设备都在探索从运动健康向医疗的转型，但这一过程并不顺利。除了受制于技术以外，用户对可穿戴设备的信任度也是一大问题。毕竟，比起几十上百万元的医院检测仪器，仅几千元的可穿戴设备说服力确实不足。

不过，随着各国医疗管理部门对可穿戴设备的重视，这一难题正在慢慢化解。2015年国务院明确了对可穿戴设备发展的支持，2016年美国食品药品监督管理局（FDA）增加了对可穿戴设备的法规条目，相关医疗应用也开始逐渐松绑。基于这样的背景下，许多可穿戴设备开始从轻症疾病入手，尝试进行病症的缓解与治疗。

2019年5月，FDA认证的第一款可穿戴式偏头痛缓解设备米格亚（Nerivio Migra）成功上市。作为全世界第三大顽固疾病，偏头痛的全球患病率接近15%。差不多有2/3的患者因为止痛药对肝肾有毒害性而推迟或拒绝服药。值得庆幸的是，米格亚的出现无疑为他们提供了更好的选择。

米格亚可以通过智能手机进行控制，释放电脉冲抑制神经信号传递，从而缓解疼痛。患者只需要将米格亚绑在大臂上，就可以有效地缓解偏头痛症状。根据FDA的临床试验数据，米格亚在2小时内就能缓解66.7%的疼痛症状，并且相较于药物的副作用更少。

如果说疼痛治疗只是可穿戴设备的“常规操作”，那么它应用于癌症治疗则可以称得上是跨时代的进步。

2020年5月，用于治疗复发性多形性胶质母细胞瘤（GBM）的可穿戴设备爱普顿，顺利通过了中国国家药品监督管理局的认证，并获准在我国销售。GBM是一种非常狡猾的肿瘤细胞，具备极强的生命力和抗药性。在常规的放化疗手段下，病人的五年生存率也仅有5%。

爱普顿的核心在于利用电场影响癌细胞蛋白的聚集，使其染色体无法正常复制。病患只需将爱普顿的4个电极贴片置于身体两侧，并带上一台烟盒大小的主机就可以完成治疗。相关数据显示，通过爱普顿的治疗，GBM患者的五年生存率可以提升至29.3%，几乎是传统疗法的6倍。

除了癌症治疗之外，可穿戴设备还覆盖了渐冻症、阿尔茨海默病和糖尿病等疾病的辅助治疗。这些医疗场景的应用，正在为可穿戴设备的未来发展提供无限可能性。

要“科幻”，更要“现实”

可穿戴设备的终极目标是能够长时间穿戴在用户身上或整合到肢体当中，同时具备交互、处理和感知等高级功能。换句话说，可穿戴设备更加注重交互性与功能性，并不一定非要是手环或手表这样带有屏幕的设备。

假肢作为人体匹配程度最高的设备，却因为智能化进展缓慢，一直没有获得行业的重视。随着大众生活水平的不断提高，身体残缺的患者对假肢的需求也不再陷于被动支撑或简单装饰的层面，开始转而追求假肢的功能恢复。由此，以智能假肢或仿生假肢为代表的专业可穿戴设备应运而生。

智能假肢的定义并没有明确标准，但它通常具备两个方面的特点，即电动化与自动化。

所谓电动化，就是指智能假肢能够像人体肌肉一样，在支撑起身体的同时，依靠电能提供动力让病患完成目标动作。而当前市面上的大部分假肢都需要患者凭借自身力气来带动。当行进时间过长时，非常容易出现因疲劳而造成事故。

自动化则是通过假肢内置的传感器，自动识别病患姿势，使假肢做出相应的伸直和弯曲等动作。更先进的办法是将病患的假肢数据存储在云端，根据使用习惯来不断地调整匹配程度，让假肢使用起来更加自由和自然。

2020年12月，美国加州大学伯克利分校的工程师们成功研发出一款具备生物传感功能的智能手部假肢。这个智能假肢采用传感器与人工智能相结合的方式，可以根据设备佩戴者前臂的电信号模式，识别出他计划做出的手势。

从形态上来看，这款智能假肢主要由前端的感应电路和后端的机械手掌组成。安装时，只需将柔性生物感应电路贴在病患手臂上，其内置的人工智能芯片就可以读取肌肉中的64个电信号，并将它们转化为可执行的动作。除了常规的拾取、捏合和旋转外，它还能够完成如猜拳等复杂手势。凭借生物感应电路的优势，所有动作都无须提前输入指令，只要大脑“想一想”，设备便会在0.1秒内完成脑海中预设的动作。

这个智能手臂还有另外一个优势，即所有的数据运算都在设备芯片上进行，无须将它们传输到云端，确保了个人生物数据的安全性。

虽然智能假肢技术成熟度不高，设备价格居高不下，不过，技术的车轮终将滚滚向前，残障人士拥有一副完整健康的躯体不再是奢望。

第 4 章　核：智造汽车产业新动能

第 1 节　次世代汽车：体验迭代与数据进化

短短二十几分钟，理想汽车在线上发售的2000多个蓝牙麦克风被一抢而空。

2020年，全年销售不到50万辆的特斯拉，成为全球市值最高的汽车企业，一举超过全年销售950多万辆的丰田；蔚来汽车股票一年内从每股3美元暴涨至每股60多美元。

——此时此刻，没有比“次世代”更合适的词汇来形容变革节点上的汽车产业了。

市场和资本对汽车产生了崭新的期待和畅想。消费者期待的，是“智能”带来的全新体验；投资者畅想的，是“智能”背后的数据积累。

人类正在重新定义汽车。

智能汽车体验迭代：第三空间和人机交互

很显然，我们不能将智能汽车和电动汽车画上等号。

电动汽车是将传统石化能源变为电力能源，而智能汽车则是在电动汽车的基础上，充分利用智能化新技术，追求更极致的驾乘感受、更智能的人机交互与更人性化的体验迭代。

比如，以前我们无法想象一家汽车公司会卖麦克风。而如今理想汽车发售的蓝牙麦克风，可以连接上汽车的智能系统，使乘客通过车载的卡拉OK应用唱歌娱乐。换句话说，有了这个麦克风，汽车就可以变成KTV。理想汽车的定位是全家出行，在这样的场景中，一个能供全家娱乐的麦克风，为消费者带来了超出期待的出行娱乐体验。

无独有偶，蔚来汽车也在驾驶舱里着重设计了和家庭出行相关的功能。消费者可以选配“女王副驾”，这个精心设计的副驾驶座位，拥有最大160°的靠背角度，提供电动腿托和脚托，还可以将座位大幅度后移，与后排形成亲子互动。

实际上从创立之初，蔚来就将数字体验作为产品核心。2017年，蔚来宣布和联想合作，开发智能汽车计算平台。而在车载屏幕上，蔚来和合作伙伴京东方经过不懈努力，将中控大屏窄边从最初的18毫米优化成7.7毫米。

这背后的逻辑就是，只有将屏幕和运算能力渗透到汽车的每个角落，才有可能打造出更智能的体验。目前蔚来汽车以中控台上圆球形的智能助手NOMI为中心，布局了9.8英寸数字仪表屏、11.3英寸中控屏与10英寸抬头显示等交互屏幕，构成了数字座舱的体验基础。

而在特斯拉最新款的Model S上，车载计算机的浮点运算能力达到10T，可以媲美时下最新款的游戏主机。马斯克甚至在推特上确认，特斯拉的车内主控屏上还能玩热门的大型3D游戏“赛博朋克2077”。

可以预见的是，像智能手机一样，未来的智能汽车将会成为人们生活的核心，它将覆盖办公室和家庭之外的第三空间，提供远比现在丰富的体验。

正如在iPhone之前，手机只是通信工具。而在iPhone之后，手机是个人娱乐终端，是音乐播放器，是网络浏览器，是相机，是社交入口。

而在这背后，我们必须注意到，iPhone的成功不是因为多点触摸、陀螺仪或前置摄像头。同理，更大容量的电池，更高效的电机，更多的雷达和摄像头，更高性能的CPU，也堆砌不出一辆智能汽车。

消费者还在等待一辆外观时尚、科技感十足，满足甚至超越了所有想象的智能汽车。它能听懂你的声音，看懂你的表情和肢体语言，它是休息室，是咖啡馆，是游戏厅，是衣帽间，是KTV和电影院——在未来的很多年后，人们会说，是它定义了智能汽车。

次世代前夜的数据积累

汽车是20世纪最复杂的系统工程之一。一辆燃油车通常由超过1万个零件构成。在电动汽车上，这个数字并没有明显减少。但得益于电动机和电控系统取代了燃油机和传动系统，电动汽车的研发和调校难度明显低于燃油车。因此，我们有机会看到，特斯拉、蔚来和理想等新晋车企在全球市场上和丰田、大众等老牌车企竞争。

大家也许会问：传统车企同样掌握了电动汽车的核心技术，很多厂商甚至在“三电”（电池、电机、电控）技术上还有着颇多积累。但为什么无论是市场还是资本，大都更看好新晋车企?

事实上，这是因为新晋车企牢牢把握住了“数据积累”这一核心竞争力。

和所有人工智能一样，智能汽车的机器学习与智能化迭代，都需要海量的真实数据去喂养。英特尔前任CEO科再奇表示，一辆无人驾驶汽车使用的数据量达到每天4000GB。而巴克莱银行分析师约翰逊则断言，一辆无人驾驶汽车每分钟收集的数据量达到100GB。

这些海量数据一方面来源于无人驾驶的感知反馈，另一方面来源于智能系统的人机互动。

无人驾驶对数据的准确性、完整性、可追溯性、持续性、真实性和共享性要求很高。这些数据的品质决定了人工智能算法模型的质量，进而在无人驾驶上建立竞争壁垒。

而在实现完全的无人驾驶之前，拥有辅助驾驶技术的智能汽车反馈的每一个数据，都会成为未来“更智能”汽车的养料。

尽管蔚来汽车刚刚实现盈利，但它旗下的蔚来资本已投资了近30家企业，其中无人驾驶领域占比过半。而特斯拉因为技术先进、能耗低、数据维度广泛，在无人驾驶领域已经建立了领先优势，顺理成章地成为全球市值最高的车企。

人机互动数据则是各大新晋车企竞相争夺的另一个制高点。在汽车驾驶与乘坐这一特定场景下，用户如何通过语音语义与行为体征，更高效地跟汽车智能系统互动，汽车智能系统又该如何通过屏幕、摄像头和传感器，更人性化地捕捉到用户指令，这也将决定智能汽车的“聪明”程度。

围绕着体验迭代与数据积累，全球汽车产业已经呈现出了

“百家争鸣”的竞争格局。传统车企积极寻求与科技公司合作赋能，科技巨头不一定会亲自下场造车，但一定布局了和智能汽车相关的领域。

苹果在自动驾驶和汽车领域申请了上百项专利，甚至有可能推出自己的汽车产品；高通在两年前就已经推出了骁龙汽车数字座舱平台，目前已经发展到了第四代；英伟达的汽车业务早已成为公司业务的重要部分，其CEO黄仁勋声称“4年内汽车利润将仅来自软件”；英特尔旗下Mobileye公司的EyeQ芯片已被超过27家汽车制造商采用，搭载在数千万辆汽车上。

国内的科技企业，无论是BAT还是华为，同样对汽车相关技术充满兴趣。百度在自动驾驶技术上布局已久，华为和小米等厂商也相继宣布不同程度地参与造车，多次爆出造车传闻，字节跳动也首次投资自动驾驶领域的公司。

国家队也在积极布局搭建平台。由工信部装备工业发展中心牵头、湖南湘江智能承建的智能网联汽车数据交互与综合应用公共服务平台，已经在长沙启动建设。它将有效支撑建设我国智能网联汽车数据标准和全生命周期管理体系，构建融合运行监测、安全预警和测试评价等多场景综合应用为一体的智能网联汽车数据新生态。

在汽车即将驶入数字次世代的前夜，无论是科技巨头还是传统车企都在枕戈待旦。如果汽车是下一部手机，谁都希望手里至少握着一张底牌。

这张底牌也许是一群用户、一块芯片或者一个平台，但它更可能是一个深不见底的数据池以及池中生长出的算法。

第 2 节　自动驾驶：从模仿人类到超越人类

据一项研究估算，按照自动驾驶降低50%的交通事故与50%的通勤时间计算，我国每年交通事故将减少10万起，死亡人数减少3万人，通勤时间节省6亿小时，总共减少或节省下来的经济价值高达300亿元。

全社会范围的降本增效是驱使自动驾驶不断迭代的根本动力，而这也正是自动驾驶从最初“模仿人类”向“超越人类”的进化过程。它将变得比人类反应更敏捷，决策更合理，在数据和算法的加持下，它甚至可以预知未来。

谁能让自动驾驶更聪明

自动驾驶的根本逻辑就是对人类驾驶行为的模仿。

人类需要通过视觉和听觉感知、大脑反应与四肢动作来完成驾驶。同样，自动驾驶也需要解决三个问题：从哪里来到哪里去、周围会发生什么以及应该怎么做。而这三个问题分别由高精度地图、传感器以及智能算法来解决。

首先，高精度地图让汽车明白“从哪里来到哪里去”。不同于大家驾驶时常用的电子导航地图，高精度地图包含两个特性：一是绝对坐标精度更高，误差要求在0.2米左右，仅为普通导航地图的十几分之一；二是道路交通信息元素更细致，必须囊括交通标志、路沿护栏、龙门架、绿化带，以及道路的曲率、航向、坡度与高程等。

自动驾驶时，在导航的基础上，高精度地图不仅能及时准确地提供复杂多变的道路信息，还能够在卫星定位系统信号不佳时，通过匹配各种静态参照物，推算出实际位置。

自动驾驶领域的底层基础自然引得国内外各大公司的竞相布局。百度旗下的长地万方收集了超过30万公里的路测数据，自动化处理数据的程度达到90%以上；上市公司四维图新联手奔驰、宝马与奥迪等车企，打造自动驾驶地图与车联网综合信息服务体系；高德地图和精准位置服务商千寻位置合作，提供“自动驾驶地图+高精度定位”综合解决方案；而来自硅谷的高深智图（DeepMap）则主要利用激光雷达与定位系统的多传感器融合方案，通过众包模式与出租车、公交车、环卫车合作进行数据采集。

其次，在驾驶过程中，人类需要运用视觉观察周围环境，而对于自动驾驶来说，雷达和摄像头等传感器就是一双不停注视四周的眼睛，解决“周围会发生什么”的问题。

最先闯入公众视野的是谷歌旗下的自动驾驶公司Waymo，其采用激光雷达作为传感器。激光雷达的优势是探测精度很高，劣势是不仅难以适应雨雪雾霾等极端天气，成本还一度高达3000美元，难以普及应用。

特斯拉CEO马斯克对此抨击：“傻子才用激光雷达！”特斯拉的办法是采用毫米波雷达+摄像头的搭配组合。毫米波雷达成本仅为90美元，比激光雷达更能适应极端天气，但探测精度较低，识别能力较弱，而摄像头正好可以弥补这一缺陷。反过来，摄像头无法感知物体距离与速度的缺陷，又可以被毫米波雷达弥补。

面对马斯克的炮轰，Waymo并没有示弱，其前任CEO克拉夫茨克宣称：“特斯拉根本不是Waymo的对手！”这背后的趋势是，随着自动驾驶的应用发展，激光雷达的成本开始逐步下降，不但美国老牌激光雷达厂商威力登（Velodyne）大幅降价，国内市场上，览沃科技发布了售价800美元的自动驾驶激光雷达，华为也发布了车规级高性能激光雷达，计划压缩成本到200美元。

有没有一种兼具高精度、低成本以及抗极端天气等优点的解决办法呢？正当Waymo与特斯拉打得火热之际，一种更前沿的感知解决方案——4D成像雷达横空出世。

所谓4D，就是3D坐标+1D速度。美国傲酷公司与以色列Vayyar公司率先推出了4D成像雷达，其本质就是在毫米波雷达的基础上，采用软硬件虚拟的方式，通过AI算法驱动的虚拟孔径成像软件，实现4D高清成像。它兼具了上述两种解决方案的优点，随着越来越多的车企与之合作，更是大有“取激光雷达而代之”的强劲势头。

无论用什么雷达，其收集的数据都要交给算法来完成最后的决策处理。

自动驾驶的决策规划通常分为三个层次：一是路线规划层，即结合高精度地图，计算出到达目的地的最优路线；二是行为规划层，即结合雷达与摄像头收集到的诸如其他车辆、行人与障碍物等环境信息，做出变道、超车、刹车等具体应对行为；三是动线规划层，即根据行为规则，生成一条满足动力学约束、避免碰撞与乘坐舒适度等特定约束条件的运动轨迹，进而决定车辆最终的行驶路径。

每一个层次背后，都有多种不同的算法模型作为支撑，比如用于路线规划层的Dijkstra算法以及用于行为规划层的有限状态机模型等。不同的算法有着不同的优劣势，这就需要我们针对自动驾驶过程中的各种目的，分别采用不同的算法，最终统筹协调集中控制。比如，全球知名的自动驾驶公司Moblieye，就通过多种不同的算法分别识别车辆位置、场景物体与障碍物等信息，进而做出准确判断，指导车辆行驶。

2020年加利福尼亚州自动驾驶路测报告MPI排名

排名	公司名称	国家	核心领域
1	Waymo	美国	无人驾驶技术开发，打造无人载客服务
2	Cruise	美国	规模化自动驾驶汽车制造商
3	Auto X	中国	自动驾驶操作系统研发商
4	小马智行	中国	专注于构建世界一流的 L4 级自动驾驶技术
5	Argo AI	美国	为自动驾驶汽车提供软件、硬件、地图和云支持基础设施
6	文远知行	中国	激光雷达摄像头系统、WMP 自动驾驶平台化技术

注：加利福尼亚州自动驾驶路测报告是由美国加利福尼亚州交通管理局发布的全球自动驾驶领域权威报告。其中的 MPI 测试（Miles Per Intervention，即每两次人工干预之间行驶的平均里程），是衡量自动驾驶技术成熟度的核心测试指标。

超越人类的交通大脑

各大公司使尽浑身解数，想要让汽车变得更智能，从而无限逼近人类驾驶状态。但有没有一种可以超越人类驾驶的自动驾驶解决方案呢？车路协同便跳出了之前“只是汽车更智能”的思维局限，从另一个维度给出了肯定的答案。

车路协同，协同的是什么？

如果把视角拉高至整个交通体系，我们就会发现，汽车只是其中一个要素，道路、行人与环境等要素也深度参与到整个交通体系的运转中，任意一个变量都会引发蝴蝶效应。所以，车路协同正是强调交通体系中人、车、路以及环境等要素的耦合与协同，它是一种体系化的自动驾驶技术解决方案，更是一种全盘统筹的思维模式。

其实早在20世纪90年代，国内外就已经开始研究“车路协同”。随着近年来5G网络、人工智能、物联网与边缘计算等新一代信息技术的兴起，才创造了“车路协同”实践应用的基础条件，将这一尘封已久的概念推上了风口浪尖。

在上海洋山港，上汽红岩制造的“5G+L4”智能重卡已经实现准商业化运营。在港区特定场景下，这款智能重卡可实现自动驾驶、厘米级定位与精确停车，甚至与自动化港机设备进行交互以及在东海大桥上队列行驶。

这款智能重卡就是应用了车路协同（V2X）技术，即车连接一切（Vehicle-to-everything）。它又被分为四个部分，即车连接车（V2V）、车连接网络（V2N）、车连接道路（V2I）等基础设施以及车连接人（V2P）。

一个问题随之而来，既然有了智能汽车，我们为什么还需要“车路协同”呢？

如何避免红绿灯路口与瓶颈路段的拥堵？如何预判雷达与摄像头盲区或超出有效距离突发异常情况？如何为争分夺秒的紧急车辆让出一条绿色通道？这一系列常见问题，只靠让汽车更智能是无法有效解决的，必须将整个交通体系都连接并统筹起来。

比如，红绿灯只根据车流量大小来分配时间，而没有考虑车辆的实时运动；两车道其中一车道遭遇事故后，另一车道因为并道而完全丧失通行能力。如果在车路协同的框架下，便可以通过“车速前提引导”与“上游路段分段限速”等办法，提高红绿灯的通行效率与避免瓶颈路段拥堵。

同样，车辆也完全可以通过车路协同，感知盲区与超远距离的突发情况，提前为紧急车辆让道。美国国家公路交通安全管理局的一份报告曾指出："如果使用车路协同技术，它很可能解决81%轻型车辆的碰撞问题。"

车路协同有着广阔的市场空间，也是传统车企和科技巨头重点布局的方向。

广汽、上汽、东风、长安和一汽等车企纷纷宣布支持车路协同的商用路标，并将规模化量产支持车路协同的汽车提上日程。作为国内唯一覆盖车路协同全产业链的企业，华为也发布了国内首个在开放道路上成功应用的车路协同车载终端。阿里巴巴则基于云计算与英特尔、上汽、大唐电信和千方科技等公司在车路协同上展开合作。

百度在2016年开始布局"车路协同"的全栈研发，并于2020年发布了国内第一个车路行融合的全栈式智能交通解决方案。2020年9月，由百度支持建设的中国首条支持高级别自动驾驶车路协同的高速公路G5517长常北线高速长益段正式通车。

各地政府也已经将车路协同试点列入时间表——北京、上海、重庆和浙江等地已经颁布相应的地方性政策，根据城市特色建立智能网联汽车试点示范区。而在海外，新加坡已基本完成智慧交通基础设施的部署；荷兰已有6000公里高速公路达到自动行驶的使用条件；美国的底特律和安娜堡之间将修建专供网联汽车和自动驾驶汽车使用的40英里长的道路。

车路协同成规模地应用落地，已经近在咫尺。

未来，一座城市的交通可能有三级数据中心，车端将收集的信息与路端交换，并且迅速计算出最安全且快速的行驶路线；路端将收集的路况信息传送给即将驶过的车辆和交通大脑，交通大脑则根据整个城市的交通状况，灵活调整每一条道路红绿灯的通行时间，甚至为每一辆汽车规划最合理的行驶路线与时速。

那时候的自动驾驶一定会比人类更聪明，比如一次事故的数据模型，可以供给车路协同网络上所有自动驾驶系统进行学习。它们掌握信息并做出决策的速度与精度，将远超人类极限。

第3节 伦理抉择：自动驾驶的“道德算法”

关于自动驾驶，有一个真实的笑话：美国一辆处于自动驾驶状态的特斯拉被交警拦停，驾驶员在车里竟然醉酒睡着了。交警正要实施处罚，但驾驶员狡辩自己没有驾车，因此不涉嫌酒驾。

自动驾驶的本质是人工智能代替人。日趋成熟的技术使自动驾驶逐步成为现实。但反过来看，自动驾驶必须面对的现实，不仅仅是技术，更有人类社会的伦理道德。

将生命交给算法

未来，当一辆自动驾驶汽车发生事故，法律法规责任判定过程的关键点，将是驾驶主体——究竟是人，还是自动驾驶系统？

在自动驾驶的5个级别中，L1和L2要求驾驶员全程主导驾驶。毫无疑问，如果此时发生事故，驾驶员必须承担责任。

在日本，一辆特斯拉Model X驾驶员在开启L2级别的辅助驾驶模式后发生车祸，导致一人死亡，驾驶员被判处3年有期徒刑和5年缓刑。

比L1和L2更进一步的L3，成了一个微妙的临界点。在L3级别的自动驾驶中，人类不需要进行操控，但需要起到监督作用。事故往往在几秒内发生，在这种情况下，当自动驾驶将控制权交还时，驾驶员很难保证100%地做出及时且正确的反应。这就导致责任界定的模糊。

正是这种人与自动驾驶的“罗生门”，让Waymo、福特和丰田等公司直接跳过了L3级别的研发。

在L4和L5级别的自动驾驶中，驾驶员无须保持注意力，也不需要对汽车进行操控。因此，法律界通常认为，厂商应该在L4和L5级别的交通事故中承担主要责任。

事实上这不仅仅是法律法规责任判定的问题。L4和L5级别的自动驾驶是人类将抉择生死的权利完全交给了一台机器。

一个经典的哲学问题：当一辆电车失控，一条轨道上有五个人，另一条轨道上有一个人。如果你有机会改变电车的轨道，撞向那一个人，从而拯救另外五个人，你会这样做吗？

当自动驾驶面临类似两难选择的时候，人工智能会做出怎样的判断呢？

麻省理工学院的研究团队设计了一个名为“道德机器”的自动驾驶游戏平台。任何人都可以在这个平台上模拟自动驾驶情况下13种不同的道德选择，比如该优先保护老人还是儿童？该优先保护富人还是穷人？研究团队希望以此收集人类对未来人工智能道德选择的不同意见。

这个平台收集到了近4亿份数据，数据来源覆盖了10种语言，233个国家和地区，囊括了多种文化对该道德困境的不同态度。

从整体上看，人们普遍倾向于保护人类而非动物，愿意牺牲少数保护多数，同时更倾向于保护年轻人。但是，各个地区的人都有着不尽相同的倾向。比如巴西人更倾向于保护乘客；伊朗人更倾向于保护行人；澳大利亚人更倾向于保护身体健康的人；经济不平等程度越高的地区，越倾向于保护富人。

电车难题的进一步演化是，当汽车出现极端情况，人工智能必须在司机和行人之间二选一，它应该做出怎样的决定？即使是汽车行业内部，对这个问题也存在巨大分歧。

大陆集团前任CEO德根哈特认为，保护行人的优先级必须高于车内乘客。毕竟，司机和乘客在车内可以得到相对较好的保护。奔驰汽车的高管克里斯托弗·雨果则有截然相反的观点，他在一次采访中透露，奔驰的自动驾驶汽车始终会将驾驶者放在首位，“如果可以百分之百地救下车上的人，那就先把这件事做好”。的确，谁又会为一辆在危险时刻不会优先保护自己的汽车买单呢？

可以预见，在未来的自动驾驶汽车上，每一种算法都会包含一部分“道德算法”。这些“道德算法”很难统一标准，它将是自动驾驶在技术层面之外的最大挑战。

为了尝试解决这样的问题，2018年德国政府颁布了全世界首个自动驾驶伦理道德标准，其中就有如下准则：人类的安全必须始终优先于动物或其他财产；当自动驾驶车辆对事故无可避免时，不得存在任何基于年龄、性别、种族、身体属性或任何其他区别因素的歧视判断。

给汽车数据系上安全带

在德国政府颁布的标准中，有一条格外引人注目：自动驾驶车辆必须配置永续记录和存储行车数据的黑匣子，且黑匣子数据的唯一所有权属于自动驾驶汽车。

毫不夸张地说，我们已经到了必须给智能汽车系上“信息安全带”的关键时刻。汽车信息安全公司Upstream Security的报告显示，从2016年到2020年，汽车信息安全事件的数量增长了605%，其中仅2019年针对智能网联汽车的信息安全攻击就达到155起。

360集团董事长周鸿祎直言：智能汽车就像是一部四个轮子上的“大手机”，集成了大量的摄像头、雷达、测速仪和导航仪等各类传感器，远程控制、数据窃取、信息欺骗等安全问题已经陆续出现在智能汽车上，这些问题可能危及人身安全和公共安全。

智能汽车的信息安全问题，可以分为两个方面：一是针对车辆信息系统进行黑客攻击；二是针对车辆内部数据进行窃取。

正如我们不可能让计算机和手机不安装任何杀毒软件和防火墙，就在互联网上“裸奔”；我们同样也更不可能让智能汽车在没有任何安全保护的情况下连接网络。因为计算机和手机是被动器件，黑客攻击最多是虚拟世界的损失；而汽车是主动器件，黑客攻击将导致不可逆的现实物理伤害，比如大规模的交通事故。

要知道，在智能汽车时代，黑客远程控制汽车，实施转向控制、关闭引擎和突然制动等操控，甚至下达自杀式命令，将不再只是科幻电影的刺激场面。2019年，360 SKY-GO安全研究团队和奔驰共同发现并修复了19个安全漏洞。通过这些漏洞，黑客能实现批量远程开启车门和启动引擎等操控动作，涉及已经售出的200多万辆奔驰汽车。

黑客攻击还仅是单纯的网络攻防问题，而数据隐私问题就没那么简单了。一方面数据是智能汽车厂商提升算法与用户体验的核心竞争力，另一方面它又涉及用户隐私甚至国家安全。

一辆智能汽车涉及的数据分为三类：外部环境感知数据、人车交互系统数据以及车辆工况运行数据。首先是外部环境感知数据，智能汽车所到之处，该地区的街道路况、导航距离与环境建筑等信息都将被细致入微地动态采集，这就涉及该地区的国土安全问题；其次是人车交互数据，车主身份、行动轨迹、语音指令、车内交谈甚至手机连上蓝牙后的通讯录都可以被获取；最后是车辆工况运行数据，这也涉及汽车厂商的知识产权。

智能汽车浑身是数据，也是秘密。特斯拉CEO马斯克曾在社交媒体上与网友探讨时，承认特斯拉在自动驾驶测试中，用车内后视镜上方的摄像头监测用户是否长时间低头看手机。

原本是技术探讨，没想到引起轩然大波。很多人担心，这枚摄像头能拍摄到车内人员的一举一动，可能侵犯驾乘者隐私。特斯拉官方连忙回应：车辆绝不会采集隐私数据，更不会将中国车主的数据传到国外。

有没有办法解决数据使用与隐私保护的两难问题呢？上汽集团董事长陈虹给出的解决方案：车企对用户可能存在的隐私风险具有告知义务，且在收集、使用、转移、删除数据时应给予用户自由选择权。而在分析处理数据时，要进行数据和个人身份的分离，并将数据匿名化。

诚然，要彻底解决智能汽车的数据安全问题，需要政府、车企和消费者形成合力。政府应该对车企的数据收集行为进行备案管理，约束数据收集的维度；车企需要强化汽车的网络安全，保证汽车在遭受网络攻击等极端情况下不会脱离控制，同时保证收集到的数据完全匿名化，并且加强服务器的安全防护；消费者则应该注意鉴别汽车和车载软件中的各类隐私条款，避免涉及个人隐私的数据被收集和上传。只有这样，我们才不至于在信息安全危机四伏的智能汽车时代“裸奔”。

第 4 节　软件重新定义造车？软硬兼施才是正解

软件重新定义造车？

摩根士丹利研究中心预测，未来汽车的硬件价值占比为40%，软件系统和内容价值一共占60%。不可否认，以“电动化、智能化、网联化、共享化”为代表的汽车“新四化”，正在重构全球汽车产业链。

20多年前，中国本土造车的口号是“汽车就是两个沙发加四个轮子”。如今，科技巨头们喊着“汽车就是一部手机加四个轮子”的口号纷纷入局造车。

口号是一种“从战略上藐视敌人”的气概。而在战术上，这场变革究竟遵循着一种怎样的产业逻辑？

必须抢占的入口

智能时代下，对于科技巨头而言，造车不是选择题，而是必答题。

我们将时间拨回到2010年，小米刚刚成立，苹果才推出iPhone 4，此时距离4G进入商用领域还差三年。嗅到机会的互联网巨头们手握软件开发的绝对优势，将手机终端视为移动互联网的入场券蜂拥而至。

经历一个十年周期之后，智能汽车的造车热潮与当年的智能手机热潮何其相似。随着5G的普及，智能汽车也将从一个传统的出行工具，转变为继手机之后新的智能化终端。从这个角度看，是否造车已经不需要讨论，每一个有实力的科技公司都希望抢占这个新的入口。

未来，在汽车出行这个场景下，人们可以通过人机对话与车载系统共同商量接下来的行程，哪里不堵车，吃什么美食，是否有停车位，哪家电影院能买到更好的座位等，不再手忙脚乱地一边查手机一边开车。

对于科技巨头来说，这样的场景很可能是生态布局的最后一块拼图。比如“新晋造车玩家”小米和华为，它们就有着相同的造车逻辑。

小米从2013年开始布局智能物联网，并率先提出AIot（人工智能与物联网相结合产生的智联网）的概念。多年来，小米孵化出了一整条智能家居场景生态链，唯独缺少了智能汽车这个新的终端；而华为也是在构建智能家居、智慧办公、运动健康与影音娱乐等高频应用场景生态之后，瞄准了智能汽车，希望围绕自身智能芯片的优势，抢占新的制高点。

在这样的造车逻辑下，以用户为中心的服务升级将取代传统汽车的一锤子买卖，智能汽车生态可以衍生出巨大的增值服务价值，汽车则成了一种可以持续产生消费的产品或场景。

比如蔚来汽车推出的悦享会员订阅、高级媒体应用与电池租赁等服务，就改变了传统的汽车商业模式。正如它描述的那样：“在购买传统汽车时，从你拿到车钥匙那一刻起，服务已经终止；而购买蔚来，你拿到钥匙的时候，服务才刚刚开始。”

造车逻辑百家争鸣

智能时代是科技公司切入造车领域的最佳时机。

随着能源结构的转变，电力和动力电池逐步替代燃油和内燃机，形成了新的交通能源动力系统，发动机、变速器与底盘这三大件的传统技术壁垒被打破，汽车制造的门槛大大降低，为科技公司造车提供了可能。

但是真正的造车，绝不是喊喊“一部手机加四个轮子”的口号，而是利用自身独特的优势在汽车产业链上进行精准卡位。

首先是平台型公司。比如网约车平台，它的核心逻辑是依靠海量的交通数据、出行数据、服务数据与车辆数据等数据资产，专注于车路协同与无人驾驶技术的研发，未来将在无人载客和定制出行等服务场景中建立更多的商业模式。事实上，网约车平台也不是单打独斗，各大网约车平台都在与北汽新能源、比亚迪、长安等汽车厂商在新能源共享出行服务方面进行合作。

还有一部分科技公司致力于成为智能网联汽车的增量部件供应商。比如MINIEYE（深圳佑驾创新科技有限公司）以单目摄像头为基础，专攻智能辅助驾驶产品；地平线（北京地平线机器人技术研发有限公司）主要研发智能汽车的视觉芯片；华为则提供完整的自动驾驶解决方案，并且实现了1000公里的无干预安全自动驾驶。这些科技公司虽然不造车，却赋予了智能汽车技术灵魂，无形胜有形。

腾讯则明确表明自己不造车，而是做自己擅长的事情，以投资人的身份参与到这场“盛宴”中来。腾讯曾经以近17.8亿美元收购了特斯拉5%的股份；2020年又斥资1000万美元增持蔚来汽车，成为其第二大股东；还与百度一起投资了威马汽车。

造车逻辑百家争鸣的背后，是产业链重构下的跑马圈地与快速卡位。毕竟，一旦产业链重构完成，产业生态趋于成熟，明天爆发的价值就来自今天卡住的位置。

开放即创新

比尔·盖茨曾经宣称："如果通用汽车公司像计算机行业那样紧跟技术发展，我们今天早就可以用一加仑汽油跑100英里了。"

通用汽车总裁也打趣地回应："如果通用汽车公司按照微软那样的模式发展技术，那么你的汽车一天内会无缘无故熄火两次，而且安全气囊在弹出之前，都会先征询你的确认。"

当科技公司高举软件这件武器，高调入局汽车产业时，传统车企是否会像当年诺基亚一样被时代淘汰？

事实上，汽车不是手机，智能汽车实现软件服务的前提，必须有硬件制造工艺基础的保障。整车制造是一个庞大且复杂的工业体系，毫无疑问，传统汽车厂商的汽车工艺积累有着不可替代的价值。

沃尔沃从1970年就开始持续收集、研究交通事故数据，以此为基础探索智能安全科技系统，所以才能成为目前公认安全性最好的汽车品牌之一；福特从1913年开发出世界上第一条汽车生产流水线，到如今拥有3D打印、快速成型、机器人和虚拟模拟等成熟技术的柔性汽车工业生产线，也花了100年的时间沉淀。

如今这场"软件定义汽车"的产业变革，不仅是科技公司的独角戏，也是传统车企智能化转型的大好机会。传统汽车厂商要做的，就是拥抱趋势，寻求"基础硬件+智能软件"的全面融合。

在新能源汽车领域，传统汽车厂商的研发实力并不亚于科技公司。比如广汽在2014年开启了海绵硅负极片电池技术的研发，如今这款新材料电池能够实现只用8分钟就充电至80%，并即将用于广汽新车型上。

实际上，没有传统车企强大的制造工艺积累作为支撑，科技造车也会举步维艰。蔚来和小鹏两家明星公司，在其发展历程中的关键时刻，也都是分别建立了与江淮和海马两家传统车企的合作关系，才取得了长足发展。

软件不能重新定义汽车，而是需要在硬件上落地，硬件需要软件来升级，软硬兼施才是正解。

2020年11月，长安汽车携手华为与宁德时代，致力于研究汽车应用生态、计算与通信架构、高压系统与底盘机械等平台技术；依托华为的智能系统解决方案以及宁德时代的智慧能源生态，长安计划在2021年底发布首款高端智能电动车。

2021年1月，吉利与百度正式联手，合作开发集度汽车。吉利在硬件生产方面提供最优的解决方案，百度基于其互联网基因、人工智能技术以及旗下Apollo成熟的自动驾驶能力，打造新车的智能生态，双方计划三年内完成造车面市。

从概念到落地，从鼓吹到理性，软硬兼施、强强联合的智能汽车产业，让人们有了更加广阔的想象空间。

第5章　网：从超级入口到超级出口

第1节　开放还是封闭，消费物联网的中场战事

用比尔·盖茨的一句话来形容当今的消费物联网，就是“人们总是高估了未来一到两年的变化，低估了未来十年的变革”。

的确，自2009年“感知中国”的概念被提出以来，消费物联网领域已经完成了商业化，通过物联网智能硬件进入千家万户。但是观察近几年的发展，鸡肋的智能功能、各自为政的产品、没有标准的生态体系，以及数据和网络的安全，依然被反复提及，消费物联网的发展并没有想象中那么美好。

如何找到场景入口，连接生态伙伴，提供产品和服务一体化的运营模式，才是消费物联网企业需要深思的问题。

洪水需要找到入口

物联网有入口价值吗?

我们拿曾经流行的电视盒子为例。作为互联网和电视的连接产品，电视盒子都预装了购物界面。但这是一个蠢主意，因为使用遥控器打字、翻页、点击都不方便，反而成了一个累赘。

显然，这种单个设备的联网，并没有体现出物联网的入口价值，只有集成了手机的便利操作，以及电视的大屏效果，从“单机智能”迈向“场景智能”，这样的物联网才具备入口价值。

2020年9月，京东宣布推出新的数字购物技术，打破了传统网购“单人单屏”的固有理念。当手机投射到电视之后，可以1/3屏幕看电商直播，1/3屏幕看商品介绍，剩下1/3屏幕看评论或者涂鸦分享。这种多设备间的“协同购物”和“屏幕涂鸦”方式，是一种全新的物联网消费场景入口。

一个新的入口会产生巨大的经济价值。比如电商直播，行业前三的淘宝、快手、抖音早已经实现千亿元GMV（商品交易总额），短视频起家的快手和抖音，甚至还进化成了电商公司。

对于物联网来说，建立一个完整的场景入口并非易事。智能家居是目前消费级物联网最重要的场景，但是在具体使用时，电视、空调、电灯、扫地机器人分别对应着手机里的四个App，每款设备都各自为政。即便一部手机可以联动控制几款设备，但用手机私屏来控制共有设备，在家庭场景中会存在分工问题。因此，手机作为物联网的入口并不理想。

作为使用频率最高的传感器，手机在消费物联网领域里，会被哪些替代者超越呢？

事实上，随着人工智能和物联网的深入发展，智能音箱和智能电视的动态交互，正在夺取家庭场景的控制权。以百度和阿里巴巴为代表的互联网企业，主要依托智能音箱的语音交互来构建智能家居体验，成为家庭娱乐、家居设备控制和第三方人工智能应用的入口和枢纽。而以TCL和创维为代表的传统家电厂商，则是通过视觉交互为智能电视配备“全场景AI”，实现与全屋智能家居系统联动，成为智慧家庭的管理入口和中心设备。

不过，智能音箱和智能电视能否成为家居物联网的入口，还取决于厂商是否做好了以下两点：一是能否连接更多的第三方设备，现阶段互联网和家电厂商都在建设物联网平台；二是人工智能助手的功能体验，不论是语音还是视觉，如何让消费者乐于频繁使用才是关键。

消费物联网的发展就像洪水猛兽，入口不仅是流量阀门，更是一个“手机级别”的超级端口。

开源还是封闭，这是一个问题

如果说入口代表着流量和占有，那么接口就代表着连接和赋能。在接口端，国内出现了以华为为代表的开源联盟，以及以小米为代表的封闭生态。

华为的理想状态是中国的硬件厂商和软件开发者，可以围绕鸿蒙操作系统的开放源代码进行产品研发，从而打造华为自己的物联网开源联盟。

开源是一种高效的、全球协作的方式，开发者可以直接面向使用者，通过协作平台快速得到全球用户的反馈，迭代非常迅速。同时，相比于商业化的闭源系统，免费的开源系统可以让客户拥有更低的总拥有成本。

2020年12月，华为发布鸿蒙OS 2.0手机应用开发者测试版，就是通过分布式用户程序框架，将复杂的设备间协同封装成简单的接口，开发者可以实现“一次开发、多端部署”，从而将更多的注意力用到交互本身。

对于是否使用华为的开源系统，许多厂商还是存有戒心。华为曾经与寒武纪在手机NPU（网络处理器）上进行过合作，麒麟手机芯片会内置寒武纪NPU的IP地址，但让人意外的是，华为后来自研了达·芬奇架构NPU，让严重依赖华为开源系统的寒武纪随即营收锐减。

“生命线只有掌握在自己手中才是安全的”，这是小米打造封闭生态的心声。

作为国内最早打造物联网生态链的企业，小米走了一条“承包山头”的路径。通过投资和孵化的方式，小米打造了一大批生态链企业，对这些企业不控股，但是企业生产的所有商品需要共同研发，使用统一的工业设计，产品间必须实现无缝接入，再通过小米品牌进行线上和线下销售。

针对像智能家居这样的单一场景，小米的物联网“全家桶”模式具备优势，消费者也更倾向于这种“看得见的智能化体验”。但是，“用市场换技术”的小米，缺少芯片和操作系统的话语权，在消费物联网领域，这是其不得不面对的痛点和尴尬。

作为消费物联网里面的“花园主人”，华为和小米体现的是一种超级接口的思路，即从离消费者最近的单一应用层退到技术生态层，将一些通用能力输送给多元行业和多元场景，向上游产业深入和向大型复杂系统沉淀，最终打通消费者端到企业端的全流程。

成为万物运营商

美国营销大师菲利普·科特勒有句名言：顾客买的不是钻头，而是墙上的洞。换言之，过去企业直接销售硬件或软件，以产品为导向，而现在则直接通过服务实现客户目的，以结果为导向。

消费物联网领域同样如此。物联网让产品的供应链追踪和设备数据的监控成为现实，产品与服务呈现一体化，“物联网即服务”的趋势也随之而来。

在物联网服务业的潮流中，一个核心的角色就是“万物运营商”——当一个消费物联网企业，不再仅仅追求将产品卖给消费者，而是在原有基础上不断提供各类附加服务，并且产生新的收入方式，这样的企业就是万物运营商。

万物运营商的重点是运营而非连接，因此重塑了固有的价值体系，让消费物联网开始从“价值链”转向“价值网络”。

我们知道，传统产业的价值链，产业上下游的边界分工清晰，商业模式和合作关系也趋于稳定。但消费物联网不同，无论是芯片企业、模组厂商、设备生产商还是电信运营商，都有能力触及下游用户，提供更多的增值服务。

iRobot（艾罗伯特）是一家知名的家用机器人公司，其中扫地机器人占据全球90%左右的市场份额。但你可能想不到的是，在开创扫地机器人这一消费品类之前，iRobot

只是物联网价值链的小角色，比如为油井生产提供模组，向核电厂销售检测机器人，向超市出售射频技术和操作系统，最终才找到家用机器人这一领域，成为物联网智能硬件的运营商。

在提供物联网服务方面，万物运营商可以基于差异化的网络架构和基础设施资源优势，开展租约式服务，也可以通过边缘智能采集数据，挖掘其中的商业价值，实现优化生产、远程急救或者资源调配。

例如，通过窄带物联网技术实现互联的共享单车，可以根据用户的使用数据绘制骑行热力图，帮助政府解决市民出行“最后一公里”的问题，协助交通部门预测拥堵的路段，这种动态运营的价值明显高于路灯和井盖。

在生产制造方面重建产业链，在商业模式方面呈现网络化，消费物联网是一场入口的竞争，也是一场连接的竞争，更是一场服务的竞争。

第 2 节　回归本质，推倒工业物联网的“巴别塔”

如果用一个词来总结当前的工业物联网，那么回归本质，或许是个精准的形容词。

就像所有的新兴技术一样，工业物联网在经过萌芽、炒作和高光之后，开始逐渐走向成熟。在此背景下，工业物联网企业应该对未来发展有新的思考，对自身的价值和使命有新的认识。

数字化是一种认知

数字化转型是企业的万能药吗？

2018年，美国通用电气公司低价出售了一手创立的工业物联网平台Predix。这个成功打造了英国石油、澳洲航空和仁济医院等标杆案例的工业互联网鼻祖，最终成为数字化潮流中的弃子。

通用电气并非第一家在数字化转型中栽跟头的企业，乐高放弃了“数字设计师计划”，耐克裁撤了数字硬件设备部门，打出“成为全球最佳的数字奢侈品牌”的巴宝莉，也同样折戟沉沙。

归根结底，数字化转型失败的核心原因是企业缺乏对“技术如何改变价值链”的认知。工业物联网同样如此，它代表的不仅是一种技术解决方案，更是一种对于价值链创新的认知。

在工业物联网应用中，第一位的认知错误就是将工业物联网和工业互联网混为一谈。

工业物联网是指物联网在工业上的应用，偏重生产设备的连接和监控、数据的采集和分析、供应链的安全和优化；工业互联网是指工业互联的网，其使命是实现工业设备、业务流程、信息管理系统、企业的产品和服务、产业链的上下游，以及人员之间的互联。因此，工业物联网是工业互联网的底层基础。

与消费物联网不同，工业物联网针对的场景可能更加个性化，这与每个工业企业的主要需求和业务痛点有关。在工业物联网的具体部署中，我们应当清楚，应该用哪种工业物联网模式，才能体现出它的最大价值。

比如，以工程机械、机床和燃气轮机为代表的制造企业，它们的主要诉求是挖掘设备的价值。企业通过使用工业物联网的目标是围绕设备进行全生命周期的追踪和优化，并且建立起新的设备增值服务模式。

此外，无论是离散制造业还是流程工业，其业务痛点是生产过程的管控。企业通过尝试数字化技术与工艺生产结合，特别是利用大数据的感知和分析技术，代替落后的人力和初级的信息化管控，从而提高整体的生产效率。

而在增值服务的创新方面，一些企业利用数据做服务模式的挖掘和创新，从卖产品转变为卖服务，通过与消费互联网对接，进而推进用户直连制造的C2M模式，从价值链升级为价值网络。

回头来看，工业物联网无论使用何种模式，只要满足了工业应用场景的需求，就是对价值链创新准确认知的体现。

推倒“巴别塔”

碎片化是工业物联网领域的“巴别塔”。为什么这么说呢?

从技术来看，工业物联网没有通用标准。比如，市场上没有适用于全领域的通用传感器，无线通信技术也没有共同的工业通信协议，连短距离通信技术的Wi-Fi和ZigBee之间都无法“对话”。

从产业来看，工业物联网很难跨越工业壁垒。一方面，由于工业本身体积庞大、类目众多，造成了工业物联网场景碎片化十分严重，而各个应用场景之间的架构、原理、行业形态差异极大；另一方面，我国工业发展基础参差不齐，当某些行业实现向“工业4.0”逐步跨越时，有些细分领域仍停留在自动化和信息化的初级阶段。

工业物联网的不同阶段

1.0时代	物联网平台的架构是否开放、功能是否完善，决定了工业物联网产业生态的底座
2.0时代	工业App逐项完成开发，丰富的应用程序是考查一个物联网平台是否具有活力的重要指标
3.0时代	打破厂商设备之间的壁垒，建立跨平台的行业标准，是产业步入规模化爆发的关键阶段
4.0时代	各种创新层出不穷，龙头企业开始浮现，一个万物互联的工业物联网世界走向繁荣

碎片化被证明是抑制市场的重要因素。它涌现出各种各样的相似技术，并使客户购买决策变得复杂。那么，面对工业物联网发展的碎片化困境，应如何破局呢？

我们可以看到，尽管工业物联网存在着混乱的标准，但一个行业共识正在形成，那就是HART（可寻址远程传感器高速通道的开放通信协议）被越来越多企业使用。

工业企业可以通过中央HART接口设备或网关访问配备HART传感器，然后通过IP进行回传，从而获得大量与工业物联网相关的数据，包括电池信息和大量其他变量。目前，全球安装了超过4000万个HART设备，已经深深扎根于工业领域。

除了标准的工业通信协议之外，软硬件集成的统一平台同样是打造工业物联网的核心。但要把上万种CPU、传感器和设备统一在一个平台上并不是一件简单的事。

2019年4月，德国汉诺威工业博览会成立"工业4.0开放联盟"，致力于建立统一的工业物联网平台。通过提供开放且可互操作的物联网通用框架，搭建设备连接性模块、边缘模块、运营云模块和云中心模块，以及一个相关的服务组件。平台上的企业用户，可以获得企业所有资产相关的重要数据，并利用兼容的解决方案，进一步提高设备使用效率，快速实现数字化目标。

统一的工业物联网平台，让蛰伏在平台上的企业获得了巨大价值，而反观工业物联网的平台方，新的协作模式和透明度，同样将产生不菲的效益。

在工信部公示的“2020年跨行业跨领域工业互联网平台”名单中，来自重庆忽米网络科技有限公司的“忽米H-IIP工业互联网平台”，成为中西部地区唯一一家入选的工业互联网平台。

通过“解耦和重构”的方式，忽米网把不同行业间的共同点形成数字化模块，同时建立起平台来支持这些模块的快速组合。目前，忽米H-IIP工业互联网平台汇聚了超过4003个工业App、2777个工业机理模型、2312个微服务组件和130万台连接设备，覆盖汽车、电子、机械和医药等行业，平台交易规模已经突破100亿元。

被误解的工业物联网

与所有新兴技术一样，工业物联网也备受误解。在这些误解中，最直接的问题就是“工业物联网是否会取代人工”？

事实上，包括工业物联网在内的数字化技术都将催生出新的就业机会。比如，企业需要有人来管理机器、操作控制塔、运行数字孪生，以及解读传感器中提取的数据，这些新工作能够解放大量劳动力并赋予他们新能力。因此，真正的问题不是技术取代人，而是人如何通过学习来应用技术。

2019年，富士康工业互联网成立灯塔学院，致力培养工业大数据人才，通过教育培训等方式实现人员技能升级，并调动全生态资源为专业人才提供最广场域的实习基地，推动生态人才转化与提升。

除了人之外，另一个常被提及的问题，就是工业物联网是否需要新建设施？

新建设施固然必不可少，但工业物联网的大部分价值，其实源于改善原有的设施：通过在现有设备上安装传感器、应用程序和网络连接，企业可以快速收集数据并转化为价值，成本也更低。

一级方程式赛车就是一个有代表性的案例。这些高性能的赛车往往造价昂贵，但直到传感器出现之前，引擎盖下的实时状态都是未解之谜。如今，通过在既有赛车上加装传感器，可以从发动机、变速器、悬架和其他地方收集数据，并不断传送给赛车手和工作团队，可预判汽车状态，并在故障出现时快速修复。

显然，比新建设施更重要的是稳健的技术生态系统，以及具有扩展潜力的工业物联网架构。

如果说技术和设施并不会阻碍工业物联网发展，那么一个不够成熟的市场环境具备工业物联网生根发芽的土壤吗？比如，新兴经济体发展工业物联网的可行性是否会低于发达国家？

或许，新兴经济体的企业会担心工业物联网远远超出了组织或地区的承受能力，其基础设施的先进程度也无法满足发展要求。但其实，发展中地区的企业很有可能更具优势，因为原有设施和老旧系统的桎梏要小得多。

拿“灯塔工厂”为例。目前，全球一共诞生了69家灯塔工厂，其中中国的灯塔工厂达到21家，全球数量最多。此外，还有约20%的灯塔工厂位于包括巴西、捷克和印度等其他新兴经济体。

作为全球工业4.0和数字化制造的示范者，许多灯塔工厂远离大都市地区，比如坐落在印度尼西亚巴淡岛的施耐德电气工厂，其实体基础设施的可靠程度并不高，既没有唾手可得的服务和专业知识，也没有大量的技术人才可供选择。但其通过数字化改造，利用数据分析技术提高原材料利用率，并且不断改进产品质量，从而实现了工厂绩效的整体提升。

工业物联网的本质是企业解决自身问题的挑战，是释放生产力和效率潜能的重要手段，更是如何为用户创造价值的理性思考。

第 3 节 算好经济账，农业物联网不是大材小用

物联网给农业带来了巨大改变，包括生产种植过程分析、质量全程可追溯以及供应链化繁为简，为农民的增收、农业的增长和农村的振兴创造了条件。

但是，农业物联网也面临着巨大挑战，比如资金的制约、人才的匮乏、农民数字化观念落后，以及农业生产和经营相对分散。

相对于风生水起的消费物联网和工业物联网，农业物联网并没有赢得多少喝彩声。背后的原因，是这笔经济账真的算不过来，还是这片土地实在太廉价？

从监测到行动

技术和资本是很多产业发展的前提条件。但是对于农业物联网而言，需求和场景才是永远的门票。

作为农业物联网最突出的需求之一，精准农业通过传感器的应用，可以精确测量每平方米植物或动物的变化，把握好水土资源的监管作用。

CropMetrics（微观计量）是一家关注精确灌溉管理的企业，其产品和服务包括VRI（可变速率灌溉）优化、土壤湿度探测和虚拟优化器等。VRI优化可以使地形或土壤变异的农田灌溉盈利能力达到最大化；土壤湿度探测技术可以提供及时的土壤湿度数据，并提出相应的优化水资源利用率的建议；虚拟优化器将各种水管理技术集约化，通过云端为种植者设计灌溉方案。

把精准农业应用到动物身上，是美洲、欧洲和澳大利亚的大型农场的诉求。通过养殖场的无线物联网应用，准确获悉牛羊的位置和健康数据，可以帮助农场主识别畜群状态，防止疾病的传播。

JMB北美洲公司专门为牛业养殖提供监测解决方案，通过物联网技术观察怀孕和即将分娩的奶牛。当母牛的羊水破裂时，安装在它们体内的传感器便会向牧群经理或牧场主发出信号，及时为母牛接生，避免因难产造成的损失。

物联网不仅仅是一种平面的连接，更是一种立体的感知。农业无人机是农业物联网最常用的集成工具，通过飞行收集多光谱、热图像和可视图像，为种植和养殖主提供一系列的指标见解。比如，作物的高度测量、冠层覆盖制图、田间水质测绘和杂草压力映射等信息。这种空中的机器视觉与作用于渔业的水下机器人一样，是一种高维度的监测。

当然，监测不是农业物联网的目的，只有指导种植或养殖行动，才是农业物联网的价值。

温室种植是一种有助于提高农作物产量的方法，传统的温室保温能力、抗压能力、温控管理和生产效率等方面较差，人工干预还会造成生产损失，而基于物联网协助的智能温室，可以根据作物的具体要求，部署各种传感器来测量环境参数，并实现智能控制来指导生产行动。

美国一家温室公司创建了太阳能物联网传感器的智能温室，温室中的传感器不仅能提供有关光照水平、压力、湿度和温度等方面的信息，还可以自动控制打开窗户、风扇、灯和加热器，并向种植者发送短信，提醒他们监控温室状态和用水量，最终实现自动灌溉和生产。

农业是笔经济账

事实上，农业物联网的发展一直不温不火，不仅不受资本的青睐，连农民也连连摆手。背后的原因，无非是这笔经济账实在不划算。

农业农村部数据显示：2020年7月的小麦市场价为每百斤120元左右，而小麦的平均亩产量在800 ~ 1100斤。假设一户农民种植5亩小麦，每季收入为4800 ~ 6600元，即便采用农业物联网增产20%，增加的收入也仅仅1000元左右。

但是，一套农业物联网的设备和服务可远不止1000元。比如智能化灌溉和土壤测定，平均每亩地的设备成本约为8000元，难以与最终的实际效益达到平衡。另外，外界环境的变化对农产品的种植和生产效率会有较大的影响，也在一定程度上提高了维护物联网的成本。

也就是说，使用先进的数字化技术去顺应传统小农经济模式的农业，完全是“大材小用”。那么，农业就没有物联网的用武之地了吗？

答案并非如此。在宁波象山县，有一种名叫“红美人”的柑橘，被称为柑橘界的爱马仕。一般而言，种植“红美人”的大棚需配备监测风速、湿度、气压、土壤温度和光照强度等指标的传感器，通过水肥一体化设备、补光灯和自动卷膜器等设施，实时调整棚内参数，才能保证品质。由于“红美人”种植难度较高，因此产量很小，每公斤的市场售价高达120元。

对于这样的经济作物，其价格涨幅空间大，每亩的物联网建设成本一旦低于可增加的收益，种植者就有动力采用数字技术和服务。因此，商业化农业成为农业物联网落地的切口。

当然，不是所有的农产品只要产生高附加值，就能卖出一个好价钱。当前的农业物联网仍处于爆发前夜，当技术没有被广泛应用，软硬件的开发和生产自然无法规模化，成本难以降低。成本不降低，技术就无法推进，这成了一个死循环问题。

要解决这一问题，一方面，需要依靠政府政策的补贴；另一方面，也可以寻求市场化的商业思路。

如今，人们对食材的要求越来越高，扫码溯源便成为一种新的需求。农产品的产地及配送过程的追踪，一直是物联网的理想用武之地。可以溯源的农产品自然售价更高。这样一来，农户的生产质量有了提升，运营商增加了利润，消费者的食品安全也得到了保障，这样一笔经济账才叫“多方共赢”。

看到背后的价值

如果我们把思路拓宽，在农业生产的各个环节，物联网技术都能发挥出效用。

以种子的选择为例。在市场上，同一种农作物往往有几十个品种的选择，比如红薯就有宁紫4号、京薯6号和广薯135等品种，不同的降雨、气温、土壤环境适合不同的品种。因此，通过物联网连接遥感卫星进行环境分析，并将数据与种子特性相匹配，为种植者提供适合当地的选种建议。

除了播种以外，指导农户收获也是农业物联网的新场景。

青海省某奶牛养殖集团，每年需要收购大量玉米作为饲料，由于对玉米的含水量有严格要求，因此愿意花费高于市场的价格进行收购。传统种植者由于无法直观感知玉米的实时含水量，往往难以达到收购标准而被拒之门外。对采用了物联网传感及成像技术的种植者，可以通过移动端的数据看台和管理界面，对玉米的含水量进行实时监管，达到收购标准。

农业物联网技术作为物联领域的重要应用方向，已经可以贯穿农业的育种、种植、生产加工、运输、经营管理和服务等全产业链，通过监测、传感、传输、分析和决策等多种应用场景，增强种植者对农业活动的认知与调控能力。

如果我们把农业种植者分为三种类别：种植集团、家庭式农场和小农户，那么农业物联网技术的发展曲线，已经从种植集团延伸到家庭式农场和小农户。

保险就是最直接的例子。以往农业保险的定损过程非常复杂，保险公司需要雇用大量的田间勘查人员，还需要农业部门参与测产。一旦一个地区出现大面积灾害，分散的家庭式农场和小农户，就会严重消耗保险公司的人力资源，最终只能使用抽样法，费时费力还不科学。

因此，对于如何满足农业保险公司精细化定损的需求，物联网可以通过地域一体化的态势数据，为农业普惠金融的发展起到关键作用。

“橘生淮南则为橘，生于淮北则为枳”。正是由于这种地域差异，农业物联网的市场在很长一段时间内呈现高度分散的态势。哪怕是团队不会讲方言，都可能无法进入某一区域市场。

对于身怀绝技的科技公司而言，只有深耕农户的种植养殖场景，把高科技的引入成本、对农户带来的价值增量算清楚，并且逐渐发展为地域性、全品类的农业生产技术服务商，才能真正实现农业物联网的开枝散叶。

第4节　缸中之脑？脑联网的无限畅想

互联网和物联网发展多年，强调的无非是加大“传输管道”的容量。对于网络本身来说，一直不具备再高一个层面的特性，那就是“智慧”。

如果把大脑加进互联网和物联网，让网络连接具备智慧的能力，这样的“脑联网”将会带来哪些变化呢？

脑机接口的技术关

2014年巴西世界杯，28岁的截瘫青年朱利亚诺·平托身穿基于脑机接口的“机械战甲”，为当届世界杯踢出了第一个球。当时的电视转播解说员激动不已：“平托行走的一小步，就是脑机接口发展的一大步。”

半个世纪以来，脑机接口被应用到不同领域，其中最多的就是帮助残障人士，通过将大脑以某种形式与外部设备连接，实现脑电波信号与相关指令信号间的转换，辅助他们实现视觉、听觉以及肌肉运动。

不仅如此，脑机接口还用于肢体康复和神经训练，进而提高大脑的机能。2013年，来自荷兰的一名肌萎缩侧索硬化症患者，通过外科手术在大脑植入了芯片，利用脑机接口、虚拟现实设备、肌肉康复可穿戴装置展开行走训练。28周之后，她已经能够准确地控制计算机打字，最后甚至还恢复了腿部肌肉的自由移动，以及下肢触摸和疼痛感知。

医疗健康需求促进了脑机接口的发展，但在大规模商用的道路上，技术的稳定与安全仍然是其不得不翻越的大山。

比如，大部分脑机接口需要将芯片植入大脑，往往需要进行开颅手术，这种操作存在着巨大的风险。澳大利亚新南威尔士医院的数据显示，在植入电极的癫痫患者中，手术死亡率高达2.8%。

与此同时，由于人体的排异反应，很多芯片在插入人体之后，表面结膜导致信号急速缩减。即便是无创式脑机接口，从目前导电材料和传感器性能来看，就算在头皮涂上一层厚厚的导电膏，也很难实现脑电信号的精准拦截。

那么，有没有一种脑机接口的方式，可以不用在大脑上做文章，而是强化人体的受损部位呢？

来自美国明尼苏达大学的杨知教授团队，研发出了新一代生物电神经接口技术平台，通过外周神经通路在人的思想与机器之间建立信息管道，从而让截肢者能直观地控制假肢。

首先，根据截肢残疾人的情况确定电极数量、目标神经和手术方案；其次，将纵向束状内电极植入截肢者的正中神经和尺神经中，形成与单个神经束的接口；最后，通过超低噪声的神经芯片组来记录极微弱的神经电图，由人工智能模型通过循环神经网络来解码，从而掌握截肢残疾人的想法，最终实现操控假肢。

相比而言，杨知教授团队所推出的生物电神经接口技术平台，采用的方式是向手臂植入电极，其有效性和安全性更高，这种微创手术让病人当天就能出院。

让大脑与大脑通话

在电影《阿凡达》里面，灵魂树可以将纳美人和潘朵拉星球上的生命连接起来，并且产生强大的力量。对这种高效的交流和协作方式，现实中的人类能否拥有呢？

其实，随着生物交叉和脑机接口技术的发展，人类不仅能捕捉大脑发出的信号，甚至还设计出一种人脑信息网络，每个人的大脑就是这个信息网络中的节点，这便是“脑联网”。

不同于互联网与物联网，脑联网搭建的是高度智能化的平台，平台系统中所有活动都要围绕“大脑的思维”进行部署。目前，脑联网技术可以分为两大类：一类是侵入式，比如像脑机接口一样在大脑中植入芯片；另一类为非侵入式，比如戴上可以采集脑电波的头盔或帽子。

在侵入式方面，脑联网早已在动物身上得到印证。2013年，美国北卡罗来纳州杜克大学的研究团队把微芯片植入老鼠大脑中，通过光源信号发出动作指令，再利用网络实现了相距数千公里的两只老鼠的“行为协作”。

但是，这种侵入式芯片还存在许多不足，比如算法太复杂导致功耗过大。只有未来新的超低功耗晶体管技术出现并产业化之后，这样的“仿脑芯片”才可能得到大规模应用，实现更接近于人脑的脑联网。

对另一种非侵入式的脑联网，由于少了许多技术和伦理的阻碍，目前的研究走得更远。

马斯克创立的Neuralink（神经连接）公司正在研发“神经蕾丝”技术，通过将脑电图和经颅磁刺激进行组合，已经成功建立了非侵入式的脑对脑接口。通过实验，让三名受试者在没有对话的情况下，利用彼此间分享意念，成功合作完成俄罗斯方块的游戏，平均准确率高达81.25%。

实际上，脑联网的技术原理是：人脑在进行思维活动时，伴随其神经系统的运行会产生一系列脑电波信号，通过采集脑电波信号，并利用大数据找出规律性，进而翻译成机器可识别的信号，实现大脑与外界的直接信息交流和控制。

Neuralink公司的脑联网实验，虽然一次只能处理1比特的数据，并且非常缓慢也不可靠，但已经为脑联网打下了基础。

在未来，基于云的脑脑接口服务器，可以指导网络上任何设备之间的信息传输。脑联网上的各种服务交换的需求，很可能涌现出一种以区块链技术为基础的等价交换物，用于快速支付和价值存储。

隐私之困和缸中之脑

无论是让大脑“联机”还是“联网”，目前人类攻克的路径，仍然离不开电子元器件，作为连接人脑的中间介质，这些冷冰冰的机器显然违背了伦理道德。

首先就是隐私问题。在健康的状态中，人脑的想法应该是封闭的，只有当我们做好决定时，才会通过语言和行为最终表现出来。但是在脑机互联状态中，机器却能实时接收和翻译大脑的欲望，这意味着我们的内心想法将不再隐秘。

这种隐私的放大，还容易造成严重后果。这是因为机器与正常人脑不同，并不会克制和犹豫，无法辨别同一个大脑信号在不同场景下的后果，将会把许多正常人一闪而过的念头付诸行动，造成冲突和犯罪。

到了法庭上，我们是该判决发出指令的人，还是机器制造商呢？因此，建立一种新型的“脑机责任制度”尤为关键。

除了隐私之外，另一个就是边界限制的问题。随着脑机连接功能越来越强大，大脑通过机械对世界的探索，是不是应该有一些限制。特别是在军事领域，人机连接后的战争很可能比普通的战争更为凶残。

2013年，美国国防部高级研究计划局披露了一个名为“阿凡达”的项目。利用脑电波仪、近红外线光谱仪等“读脑”装置，实现人脑意识对机器的远程控制，最终打造出一支“类人类机器人”的杀戮部队，代替士兵执行各种战斗任务。

更严重的情况是，如果电信号逆向输入大脑，将会产生对人脑的损伤和操控。

就像动漫和科幻电影描述的一样，未来的商业公司会将各种表达快乐体验的大脑信号编辑成程序，通过信号刺激在大脑里制造不同的三维情节，让那些在现实生活中不如意的人深陷其中，这是一种真正的“电子大麻”。

脑机连接之间的正负反馈，还将混淆谁是系统真正的主体，到底是人脑在控制机器，还是机器在控制人脑？自由意志是否只是一串电信息而已？

这就像美国著名哲学家希拉里·普特南描述的“缸中之脑”。他在《理性、真理与历史》一书中阐述的假想：假如一个人被邪恶的科学家施行了手术，他的大脑被切下来，放进了一个盛有维持大脑存活营养液的缸中，大脑的神经末梢连接在计算机上，这台计算机按照程序向大脑传送信息，以使他保持一切完全正常的幻觉，包括身体感觉、记忆和复杂情绪。

大脑是思维知觉的中枢，是人类一切行为的总指挥。当大脑进入网络系统后，将带来一场跨界的变革风暴。在风暴眼中，埋伏着巨大的伦理挑战。

第 2 篇

云联数算用

新一轮科技变革的核心特征：数字化、网络化、智能化。

全球大变局带来诸多不确定因素，而唯一确定的是，大到社会与产业，小到企业与个体，向数字化、网络化、智能化转型升级的坚定步伐。社会决策范式正在从基于主观经验的模糊判断，转向基于数据智能的精准施策。种种转变的背后，是“云联数算用”逻辑递进且有机一体的五大要素：“云”是基础，“联”是前提，“数”是资源，“算”是能力，“用”是目标。

——“云联数算用”全要素群，将为我们带来怎样的效率提升？

云 统筹云服务资源，构建共享共用共连，“一云承载”的云平台服务体系。

联 建设泛在互联的新一代信息网络体系，打造国际数据专用通道，实现网络体系“聚通”能力和国际信息枢纽地位显著提升。

数 建设以数据大集中为目标的城市大数据资源中心，形成统一数据资源体系和数据治理架构。

算 建设以智能中枢为核心，边缘算法、AI 计算为补充的超级算法能力，形成具备共性技术和业务协同支撑能力的算法中台。

用 聚焦农业、工业、服务业等重点领域，促进新一代信息技术与各行业各领域的融合创新应用，推动数字经济与实体经济深度融合。

第6章　云：无处不在的裂变式迭代

第1节　云原生：把云计算装进集装箱

一个时代有一个时代的IT底座。

从20世纪60年出现的大型机，到20世纪80年代风靡一时的小型机，再到21世纪“微软操作系统+英特尔芯片”的PC时代，以及苹果和安卓系统所构建起的移动终端版图，数字世界的IT底座一直在不断地演化革新。而云计算正代表着智能时代的IT底座。

随着云计算的发展，业界开始出现两个似乎矛盾的特点：马太效应与不确定性。前者揭示了这个行业赢家通吃的市场规律，比如国内市场基本上被华为云、阿里云、腾讯云三家独揽；后者则是云计算产业的真实写照，即市场需求多过服务供给，行业呈现出“全行业与深耦合”的趋势，多样化场景又催生出更多新技术和新模式，云计算的未来仍然充满不确定性。

正在跃升中的云计算

中国铁路12306是世界上规模最大的实时交易系统之一。在春运期间，12306线上订票网站的访问量每天超过400亿次，高流量和高并发成为最主要的压力。如何才能避免网站崩溃呢？

为此，12306尝试了多种解决方案，最终找到阿里云搭建起云计算架构。这不仅可以在春运期提供充足的流量空间，避免了因为高并发流量冲击导致的卡壳与宕机；在12306系统请求次数减少时，还可以缩减云计算资源，节省大量的成本。

云计算属于分布式计算技术，简单来说就是通过网络，将庞大复杂的计算处理程序自动拆解成无数个小的单元，交给由很多服务器组成的庞大系统，搜索、计算分析之后将处理结果回传给用户。

作为网络计算的升级版，云计算就像“水电煤”一样，可分可合、弹性扩展、按需使用，能够让普通用户轻松享受到超级计算机的服务。这一切，与它所具备的特性有关。

一是超大规模，云计算具备超大规模的算力资源和网络连接能力，比如谷歌云已经拥有100多万台服务器，亚马逊云、微软云和IBM云等也均拥有几十万台服务器，同时在夏威夷跨太平洋光纤线缆网络工程中，亚马逊云还将建成长达14000公里的海底光缆，以连接新西兰、澳大利亚、夏威夷和俄勒冈等国家和地区；二是虚拟化，云计算支持用户在任意位置、使用各种终端获取服务；三是高可靠性，云计算使用了数据多副本容错、计算节点同构可互换等措施来保障服务的高可靠性；四是通用性，云计算不局限于特定的应用，同一片“云”可以同时支撑不同应用的运行；五是按需服务，云计算是庞大的资源池，用户可以按需购买服务，按需按量计费；六是极其廉价，云计算的特殊容错措施，使其可以采用极其廉价的节点来构成，同时自动化管理使数据中心的管理成本大幅降低。

当前，云计算技术的发展进入深水区，呈现出“全行业与深耦合”的趋势，比如人工智能、大数据与云计算开始趋于一体化，5G与区块链等新兴技术带来更大的想象空间，云、边、端协同的技术趋势更是日益明显。云计算已经超出了过去单一分布式计算范畴，是分布式计算、效用计算、负载均衡、并行计算、网络存储、热备份冗杂和虚拟化等计算机技术混合演进并跃升的结果。

把云计算装进“集装箱”

市场的爆炸式发展让云计算服务与所有商品一样，出现同质化的问题，云计算和各行业的深度耦合产生矛盾。

你不能用泛互联网的打法去做企业，就像你不能用锤子去拧螺丝。技术革新、拥抱开源、合作生态的三位一体成为满足云计算服务场景多样化需求的新架构。

首先在技术革新上，最典型的就是软硬件的“全栈打通”。

在IT领域有两条相伴相生的定律：摩尔定律与安迪·比尔定律，前者揭示了硬件性能提升的规律，即集成电路的集成度每隔18个月会翻一倍；后者则解释了硬件提升的性能是如何被软件榨干的，即硬件的提升促使软件开发者开发出更庞大、更消耗资源的软件，抵消了硬件提升的性能。

由此可见，软硬件协同化发展同样影响着云计算服务，它可以让底层算力架构与上层软件之间更加适配。因此，以华为云、阿里云和腾讯云为代表的国内云计算公司，已经开始全栈打通芯片、服务器底层硬件、操作系统和数据库等云服务软硬件产业链。

而在拥抱开源和合作生态方面，云计算开始走进“云原生”这个更大的构架体系之中。

云原生的概念最早在2013年提出，随后CNCF（云原生计算基金会）对其进行了重新定义。云原生主要指以容器、持续交付、开发运维一体化（DevOps）以及微服务为代表的技术体系，2018年又加入服务网络和声明式API（应用程序接口）。

简单来说，云原生就是通过这些技术，将互联网世界的代码和软件装进“集装箱”，使互联网系统相比以前更容易管理、容错性更好、更方便观察。“集装箱”使传统的运输体系走向现代化，云原生让传统的零散的云计算走向高度集约化，从杂乱无章到标准有序。

作为云原生发展的基石，容器技术成为企业最关心的技术，“容器即服务”也成为行业发展的共识。

时速云是国内领先的云原生技术服务商。它的许多客户是大型金融机构，这些机构的交易数据量大、交易速度要求快、交易安全要求高、交易系统和数据处理系统复杂，需要更强大的容器云平台与之匹配。为此，时速云通过整合容器云、DevOps、服务网格等云原生技术，进一步优化预警响应机制和提高资源利用率，为客户节约数千万元采购成本。

只为你使用的东西付费

尽管在技术层面，云计算已经做到对算力资源进行不断优化，却出现了另一个问题，那就是过度购买所造成的资源浪费。

比如许多中小型电商公司，为确保在“双十一”等活动峰值时不会因流量超过月度限制导致其应用程序被破坏，往往会超量购买云计算资源，造成许多服务器空间被浪费。云计算供应商可以引入自动扩展模型来解决这个问题，但不必要的活动峰值（如DDoS攻击）也可能会产生非常昂贵的费用。

有没有一种灵活的“即用即付”云计算模式？这成为所有从业者的疑问。

答案当然是“有”，无服务器计算便是最主要的方法。无服务器计算是一种按需提供后端服务的方法。无服务器架构允许开发人员编写和部署代码，而不必担心底层基础设施。从无服务器计算供应商处获得后端服务的公司，将根据计算量来付费，而不必预购固定数量的带宽或服务器。

这就像手机流量从固定包月付费，切换到仅对实际使用的每个数据字节付费。从用户的角度来看，资源使用和收费更加细粒度，可以避免为闲置资源付费；从运营商的角度来看，则是资源使用比例越来越高，也减少了服务器的浪费。

其实，无服务器计算并非真的没有服务器，在世界上某个地方的大型仓库中，有真实的服务器在支持计算，只是开发人员不需要考虑它们的存在。

除了云计算，大多数无服务器计算供应商的业务模块都会为客户提供数据库和存储服务，并且具有功能即服务（FaaS）平台，可以在不存储任何数据的情况下在边缘执行代码，开发人员不需要再重复建设。运行和维护服务器、为操作系统打补丁、创建容器等一系列工作，都可以由FaaS平台来完成，缩短产品上市时间。

因此，功能即服务（FaaS）被许多厂商称为继基础设施即服务（IaaS）、平台即服务（PaaS）、软件即服务（SaaS）之后，云计算的第四种服务类型。

拿行业巨头亚马逊云来说，其2018年推出的亚马逊极光无服务器，能根据流量自动缩放规模，提供给用户按需付费使用的数据库服务。而其2020年的升级版则能够在不到一秒钟的时间内，将数据库工作负载扩展到数十万个事务，并且能精细化调整合适的数据库资源，而不是在每次需要扩展工作负荷时将容量翻倍。与按高峰负载而配置的容量成本相比，可以节省90%以上的数据库成本。

亚马逊云引领的无服务器风潮，正在成为影响云计算发展的新风口。根据2020年非营利组织CFF（云铸造基金会）对全球250多个企业用户的调查，22%的用户已经在使用无服务器，近一半的用户正在接触这种新技术。

第 2 节　跨云融合，云存储不再只是“记录者”

随着全球数据量的迅速增长，数据不再只是物理世界的“记录者”，还成了新的生产资料，并逐渐发展出价值闭环。

显然，传统硬件设备简单叠加的存储方式，已经不能满足当前海量、实时、多元的数据存储需求。因此，众多的企业与机构开始选择规模性应用的云存储，来应对智能时代的数据爆炸。

从混沌到分层

在广泛使用云存储之前，本地存储是企业最常用的解决方案，也是企业成本最高的项目之一。据统计，过去五年，数据、文件、日志和图像等资料的本地存储费用，平均占据企业年度IT成本支出的40%以上。

本地存储不仅耗费财力，还面临着管理、能耗和数据安全等风险，应对指数级增长的存储需求，更是显得捉襟见肘。

不妨设想一下，一座五线城市想要实现公共区域的无死角监控，至少需要上万个视频监控点位，仅仅一天就需要200TB的存储空间，而“平安城市”通常要求视频存储周期达到90天以上，本地存储显然难以支撑。

面对本地存储的瓶颈，云存储又是如何破解的呢？

实际上，可以从两个方面去理解：从技术架构来看，云存储通过分布式、虚拟化和智能配置等技术，实现海量、可弹性扩展、低成本、低能耗的共享存储资源；从服务模式来看，云存储提供“按需服务”，用户可以通过网络连接云端存储资源，随时随地存储数据。

然而，在云存储数据池中，数据的属性却相当复杂。有需要频繁访问的热数据，有不常访问的冷数据，以及出于合规或监管原因而保留的非活动归档数据。所有的数据都处于混沌状态，很难进行清洗和定性。

某社交平台曾经做过一个统计，比如某一个热点话题，其第一天的访问频率非常高，几天之后频率越来越低，热数据就变成了冷数据。这些从热到冷的数据，占据了该平台云存储数据池的89%，造成高昂的存储和管理成本。

可是，即便代价再高，这样的数据仍然具备价值和意义，因为我们很难预测冷数据会不会再次变成热数据。面对云端数据的多样性，有没有一种优化处理的办法呢？

全球知名存储厂商西部数据公司在2020年提出了五层结构的分层存储思路。以极热存储、热存储、温存储、冷存储及极冷存储的方式对数据进行划分，再匹配相应的存储资源和能力，满足数据存储在容量、性能和成本等方面的需求。

极热存储和热存储的数据读写频繁，需要持续低延时、高性能、高带宽的存储能力，主要面向即时交易、数字信号处理和自动驾驶等应用；温存储的数据读取活跃，主要面向企业应用，比如联机分析处理、机器学习和AI训练；冷存储用于少量写入、多次读取，通常是面向存储备份等应用，需要16TB以上的大容量硬盘；而极冷存储则用于大块写入，写入次数较少，需要持久地保存数据，典型应用于金融、医疗、广电行业数据的长期归档。

当“跨云”成为趋势

随着“上云”浪潮的来临，云存储已经成为大多数企业的首选。不过，对于供给逐渐大于需求的云存储市场，用户却出现了新的疑问。

比如，用户分散在一家云存储商的异地数据，或者分散在多家云存储商的数据，如何实现跨平台的无差别转移呢？

作为国内个人云存储的代表，坚果云是最早实现跨平台的云盘产品之一，各种办公工具和场景下产生的资料通过坚果云实现自动集中管理，其秘诀就是支持了WebDAV协议。

何为WebDAV协议呢？作为一组基于超文本传输协议的技术集合，它可以直接读写应用程序，并支持读写程序的锁定、解锁和版本控制。

不过，WebDAV协议的推广过程并非顺风顺水。该协议是一个标准协议，对云存储的大厂而言，支持就意味着失去自主控制权。

顺丰和菜鸟的“接口门”事件就是典型的案例。2017年，菜鸟在官方微博上发布声明，声称顺丰关闭对菜鸟的数据接口，导致用户无法通过淘宝系统渠道查看顺丰订单的物流信息。随后，顺丰称并非关闭数据接口，而是由于拒绝向菜鸟提供客户隐私数据，率先遭到对方的发难。双方各执一词，一时间闹得沸沸扬扬。

究其原因，是顺丰和菜鸟都希望在数据接口上有主导权，希望用户围绕在自己所建立的API生态之下。

当然，互联网的世界是平的，开放和共享永远是主旋律，用户不想被单一的云存储商锁定，云存储商也不想被所有用户拒绝，“多云共存”成为所有人接受的事实。

目前来看，提供多云服务的玩家很多，其中有三种切入市场的方式：

一是从资源统一管理的角度出发，对接多个公有云或私有云的管理API，对用户所拥有的资源进行统一开通、使用、监控、销毁等全生命周期的管理，比如飞致云、行云管家等。

二是从统一组网的角度出发，提供多云间网络互联服务，通过“软件定义网络”的网络虚拟化方式，让不同的公有云资源可以相互可见，以电信运营商为主。

三是从数据管理的角度出发，解决数据如何上云、下云、云间漂移的问题，许多备份与灾备厂商涌入这一赛道。

无论哪种方式，都是为了满足用户在云端业务变化下的实际需求，跨云存储、跨云管理、跨云容灾因此成为一种趋势。

成本失控是一道难题

诚然，云存储比传统存储便宜，但用户要确定具体成本却是一件难事，因为云存储的成本会随着用户的业务变化而变化。

与普通商品不同，云存储的成本分为直接成本和总成本。直接成本是存储的可见成本，由存储成本、出口费用、访问费用和复制成本组成。此外，用户还必须考虑云存储的间接成本，包括数据监控、数据安全、云备份、数据迁移等费用，这些成本往往难以衡量并计算，而直接成本与间接成本的总和就是总成本。

比如亚马逊云S3是一款为开发者的设计需求提供云存储服务的产品，开发人员可以通过交互式编程，存储大量的图片、视频、音乐和文档等数字资产。由于是多人协作的开源存储产品，其成本构成更多的是间接成本，所以亚马逊云S3在不同地区的价格差异很大。

相较于亚马逊云S3，以Dropbox（多宝箱）为代表的消费者级文件存储解决方案只是存储个人用户可量化的数字资产，它的成本构成更多的是直接成本，所以包月和按量付费是常见的支付方式。

总之，无论采用哪种方式，用户在云存储上投入的成本都远远超过厂商宣传的基本费用。特别是企业与机构用户，其业务需求一直在变化，谁也预料不到自己可能需要访问、使用和迁移哪些冷存储，导致产生额外的费用。

就像购买汽车一样，新车前期支出的费用不高，但是几年之后，保养费用和维修费用就会超过预期，汽车的总成本就会增加。云存储与此相同，一旦用户使用超过三年时间，数据的扩展就会增加存储成本，由于扩展度无法预知，与之匹配的间接成本也就无法计算，最终造成用户成本失控。

那么，如何解决成本失控呢?

对象存储成了厂商们的解题答案。简单来说，对象存储就像在一家高级餐厅代客停车——当顾客需要代客停车时，他就把钥匙交给服务员换来一张收据，这张收据就是代客停车服务的唯一标识符，顾客在用餐过程中不用计较车停在哪里、具体开了多远的路程等问题。

这是一种用来解决和处理离散单元的方法，也是一种适用于行业发展的成本标准。

对象存储可以帮助用户对数据进行唯一标记和分类，以确保将数据放入适当的存储层中，解决了云存储不间断可扩展性、弹性下降、限制数据持久性、无限技术更新和成本失控等问题。如此一来，厂商也能知道用户的成本在哪里，实现使用量实时计费和使用后付费模式，真正走向云存储服务时代。

第 3 节　走向普适性，云安全没有边界

高德纳咨询公司是全球权威的IT咨询公司，它提出过一个有意思的论断，即云安全最终会变成单纯的安全。

怎么理解这句话呢？例如，5G、边缘计算和工业互联网都需要云计算技术构建云化的基础设施或编排平台，这些新型IT基础设施的安全在本质上就是云计算的安全，因此云安全就形成了底层的、普适的安全技术。

那么，作为IT产业普适性的安全技术，云安全如今走到了哪一步？

从被动防御到主动感知

我们生活在一个没有边界的世界中。——这是信息安全领域的一句名言，意味着在互联网环境下的不确定性。互联网连接了大量实体设备，而我们却很难确定实体设备之间的技术边界。

这种不确定性意味着风险，比如说云计算，其“边界端点”设备的技术和网络安全就是一件让业界头疼的大事。

2020年12月15日，谷歌服务器突然遭遇全球大面积故障。在宕机的45分钟内，谷歌旗下的多项服务无法访问，Gmail邮箱、谷歌日历、视频网站YouTube等热门应用均受到严重影响，而这已经是谷歌全年的第四次宕机。

这些故障皆是源于云计算的网络安全隐患，究其原因，有的是人为失误，有的是机器故障，有的是软件漏洞。为何十分注重云安全的谷歌却屡次中招？

其实，这要从云计算的特点谈起。云计算采用了分布式虚拟化技术，具备泛在网络访问、多租户、快速弹性伸缩等优势，因此对边界安全提出了新的要求，比如第三方设置中缺乏安全控制、多云环境中可见性差、窃取和滥用数据、DDoS攻击（即分布式阻断服务）以及攻击具有病毒式传播性等问题如何解决。

中国已经成为遭受云安全攻击最严重的国家之一。有调查显示，2020年云上DDoS攻击发生近百万次，日均攻击超过2000次，流量峰值已经达到2TB。

伴随互联网宽带提速、物联网、IPv6的发展，“企业上云”已然成为趋势，而云安全的隐患也日益突出，有没有一种从“被动防御”到“主动感知”的办法呢？

国内网络安全领域的一些头部企业都相继推出了云安全管理平台，这是一种新的云环境主动感知模式。平台以云安全资源池为核心，提供虚拟化的安全能力，如防火墙、WAF、IDS、IPS、堡垒机、数据库审计等，并通过平台对各类安全能力进行组织和编排，形成整体安全方案。

在这样的架构下，云上流量不需要集中引至同一区域进行处理，只要通过边缘就近防御的方式降低安全业务带来的网络时延。同时，通过云对象监测、云安全审计、云威胁分析和云运维处置四个维度实现云安全的集中监测和运维管理，实现“主动感知”。

抵御脆弱性的原生安全

如果说云计算的下半场是云原生，那么云安全的未来便等同于云原生安全。值得我们注意的是，云原生所带来的安全问题更为复杂。

2018年，黑客入侵了特斯拉在亚马逊上的Kubernetes（古巴人）容器集群。由于该集群控制台未设置密码保护，黑客轻松就能获取访问凭证，然后访问其网络存储桶，拿到一些诸如遥测技术等敏感数据，并且在Kubernetes容器集群上挖矿。该事件成为利用云原生容器漏洞的一个典型案例。

以容器、服务网格、微服务等为代表的云原生技术，正在影响各行各业的IT基础设施、平台和应用系统，因此原生安全至关重要。那么，什么是原生安全呢？

这要从云原生的全生命周期视角来看。我们把云原生的短期安全思维称为“安全支点”，把长期安全思维称为“安全运维”。

比如，容器的生命周期极其短暂，对于云安全的攻守双方来说，在短期内均无法应用现有的武器库或安全机制。所以在云原生安全的初期，攻击者会重点关注代码、第三方库和镜像这些生命周期长的资产，而防守者也应该如此，这种思路被称为“安全支点”。

当然，攻防永远是成本和收益之间的平衡。如果防守者做好对长期资产的持续风险评估和脆弱性缓解，那么攻击者的成本就会升高，不得不借助自动化手段攻击运行时的容器。此时，容器工作载荷的行为分析、容器网络的入侵检测、服务网格的安全，则又成为防守者的新重点，而这种安全思路又被称为“安全运维”。

无论是“安全支点”还是“安全运维”，其核心都是考虑云原生环境中的脆弱性和风险，通过提供弹性的安全能力，做出当前最有利的安全方案。

当新基建推动大量云化基础设施采用了云原生的技术路线，当云原生的安全能力可以部署在云化或非云化的环境中，才可以从真正意义上说未来的安全就是“原生安全”。

“删库”背后的等级保护

“rm–rf/*”是数据库目录删除命令，相当于对系统做“格式化”清理。每年，这几个简单的英文字母都会给云服务行业带来巨大的损失。

2017年1月31日，全球第二大的开源代码托管平台GitLab的一位系统管理员在给数据库做日常维护时，不慎运行了数据库目录删除命令，导致300GB数据被删除，平台被迫下线。

无独有偶，2020年2月23日晚，中国领军的企业云端商业服务商微盟遭遇严重“删库事件”。其研发中心核心运维人员贺某，通过个人VPN登录公司内网跳板机，对微盟线上生产环境及数据进行了严重的恶意破坏，导致商家后台的所有数据被清零。

经过一周左右的努力，300万户商家的数据才被全面找回，微盟表示将拿出1.5亿元进行损失赔付。这一事件影响了微盟的公司业务、股价和社会形象，也让大量公司意识到云安全的隐患。

对于危害如此巨大的删库行为，企业应该如何应对呢？

一是事前防御，比如加强普法教育、提升员工忠诚度、建立操作权限审批制度；二是事后恢复，需要建立异地灾备体系，业务系统数据处理权限要和备份数据处理权限分离，同时采用虚拟磁带库、物理磁带库、光盘库等存储设备。

对厂商来说，有效保护云端数据，更多的是考虑一个全面的策略，这个策略就是企业等级保护的深度执行。

2019年12月1日，国内开始实施等保2.0（网络安全等级保护制度2.0标准），将网络基础设施、重要信息系统、大型互联网站、大数据中心、云计算平台、物联网系统、工业控制系统、公众服务平台等全部纳入等级保护对象，注重IT环境的全方位主动防御、安全可信、动态感知和全面审计。

比如，等保2.0对每一级别都有数据备份与恢复要求，该要求虽然在等保评测中不超过3分，但一旦建立备份系统，那么无论是物理破坏，还是逻辑破坏等数据故障，大多可以得到很好的数据恢复。对执行的企业而言，相当于为信息化系统购买了一份全场景的保险，对业务数据进行了一次全面的兜底。

如今，云与不同行业的深度耦合已经成为通识，这就需要更高要求的云安全环境。通过不断进化的感知技术、原生安全和灾备体系，再加上等级保护的机制效应，实现云端数据的全生命周期安全并非难事。

第4节　场景化革命，云产业会被“卡脖子”吗？

2009年，首届“中国云计算大会”在北京举办，彼时大多是外国企业在台上发表演讲，而坐在台下的国内公司就是一群听众。风云际会，再看10多年之后的云产业，中国已经成为全球云产业增长速度最快的市场，阿里云、腾讯云和华为云也跻身全球云厂商前10名。

高速增长背后的原因有很多。比如在新冠肺炎疫情刺激下，线上娱乐、消费、学习、办公、协作和交付等业务需求激增；比如新基建加快了云数据中心的建设和运营进度，也推动了云技术与政务、金融和工业等行业的融合应用。

站在此处看向未来，一个让人迷惑也更加让人着迷的问题扑面而来：高投入、高技术、高需求的云产业，下一步又将走向哪里？

没有云就没有创造力

过去，“廉价算力”是云计算的代名词。

原因有两个：一是拥有大量“过剩算力”的互联网企业希望通过云计算来盘活自身的算力，从而降低运营成本；二是对中小企业来说，借助云计算能够降低网络化升级的成本，通过更廉价的方式来拥抱互联网。

然而，随着云技术不断支撑大数据、物联网和人工智能等技术的发展，它的附加值不断增加，不再是一个项目或者一项交易，而是一段旅程，开始贯穿政企用户数字化转型的全过程。

这种趋势显然逃不过云服务商的敏锐视觉。2018年，甲骨文公司推出了自治数据库云产品。就像无人驾驶一样，自治数据库云通过联机方式，只要加载数据就可以自动运行，并且可通过深度学习实现自我补丁、备份和恢复，在云端实现自治。

这是一种颠覆性的变化，对用户内部的组织架构和创新能力影响巨大。因为在传统非自治的状态下，企业内部的开发人员和数据库管理员之间，往往因为各自的职责产生阻力，如果能够进化到自治模式，企业部署新应用的时间就会由几个月缩减至几分钟，创新成本明显降低。

除了贯穿企业内部的“全生命周期数字化”之外，云也在打破行业之间的壁垒。

微软CEO萨提亚·纳德拉追求“合纵连横”的生态，他上任后的第一个动作就是宣布将Office套件带入iOS平台，而此前多年，因为担心加剧PC出货量的下降，微软一直拒绝推出移动版Office。微软这个“史前巨鳄”通过一系列的“产品云化”战术，仅仅三年时间就实现了市值翻番。

云技术不仅打破了行业壁垒，更在不断连接产业要素。汽车产业最为典型，在云计算等新兴技术的助推下，其风向早已经从“4个轮子加2张沙发”变成“软件定义汽车”。

2019年，广汽首款搭载腾讯云的乘用车传祺GS4，不到一年时间就销售了近10万台，成为广汽乘用车中最畅销的车型。这背后是广汽把云技术作为提升企业驱动力的策略，比如软件工程师岗位占据了近几年广汽校园招聘岗位的60%以上，还与中科创达联合成立软件技术中心，大力研发智能网联汽车技术。

从企业内部到行业之间，再到产业生态，云技术已经不再是简单的计算和服务，而是与未来的产业升级和经济转型绑在了一起，成为像互联网一样的基础设施。

场景革命下的专属云

在云产业的下半场，云厂商最大的竞争力源于对用户场景的理解。场景带来革命，以专属云为代表的云服务，开始在公有云、私有云和混合云中脱颖而出。

云服务的分类（按部署模式）

分类	特点	适合行业和客户
公有云	规模化、运维可靠、弹性强	游戏、视频、教育
私有云	自主可靠、数据私密性好	金融、医疗、政府
混合云	弹性、灵活，但构架复杂	工业、医疗
专属云	专属资源池、安全合规、服务较好	金融、政府

什么是专属云呢？作为“公有云上的私有云”，租户可以独享专属资源池，与公共租户资源物理隔离，满足特定性能、应用及安全合规等要求，被誉为云服务的“头等舱”。其中，政务云和金融云是专属云的中坚力量。

根据中国信息通信研究院的预测，2021年政务云将占据国内云计算市场总规模的43.8%，接近中国云产业的半壁江山，成为各大厂商的兵家必争之地。

随着促进服务型政府转型的需求不断增加，政务云建设开始从“单一迁移上云”转向“整体协同运营”。因此，只有提供技术咨询、资产管理、应用开发和运维保障等一体化解决方案，并且具备全栈技术和全场景落地经验的云服务商，才能获得更多的橄榄枝。

深圳在2019年初就启动了政务云项目，采用专属云构建统一的计算、存储、网络及通用软件支撑平台，为部门提供按需求服务、弹性扩容的云服务，实现资源整合、管运分离、数据融合和业务贯通。目前，深圳全市50多个部门400多个重要业务系统已经上云。

同年6月，重庆出台了“云长制”实施方案，建立起由市政府主要领导任“总云长”，在政法、交通等6个系统设“系统云长”，市级各部门、各区县政府主要负责人为各单位“云长”的架构体系。目前，重庆已经建成了数字重庆云平台，实现55个市级部门上云率达到100%，61个市级部门整合率达75%以上，上云整合水平位居全国前列。

与政务云的需求趋势不同，金融行业在高合规要求下，数据隔离与监管合规成了金融云的建设关键。

为什么这么说呢？一方面，数据隔离就像金融企业的保险箱，是生产数据和备份数据之间的防火墙，一旦其被攻破就意味着数据保护付之一炬，而金融企业在使用专属云之前，依赖公有云构建的基础架构和业务应用相对薄弱；另一方面，由于数据不能出域的监管要求，金融机构之间的资源无法实现共享互通，导致数据资源浪费。

为了解决这些问题，各大云服务商各显神通，比如阿里云与腾讯云强于数据资源应用能力；华为云和紫光云擅长数据中心、服务器、存储设备和云操作系统等基础设施建设；招银云创与兴业数金背靠银行平台，因此熟悉业务系统。

随着新基建趋势的加快，专属云也在开枝散叶，教育、交通、医疗和应急等场景，必将成为一片又一片的蓝海市场。

云产业会被“卡脖子”吗

2020年是信创产业全面推广的起点。其背景在于，过去中国IT产业的底层标准、架构、产品和生态，大多数是由国外的IT公司制定，因此存在被“卡脖子”的风险。

云产业也是如此，发展信创云成为新的现象级风口，而

“底层技术”和“生态兼容”就是两个关键点。

从底层技术的发展来看，信创云为软硬件体系国产化提供了广阔的“试验场”。比如易捷行云，为中国最大的IT央企中国电子提供云服务，通过中国电子丰富的国产化生态资源，研发出新一代国产化信创云平台，不仅中标多个省级、市级的信创云项目，还在金融、能源等领域构建信创云试点。

在云计算领域，我国起步与国外差距不大，再加上开源技术健康发展，因此在技术创新与产品应用上并不逊色于国外，在一些细分领域处于领先地位。同时，信创云作为聚焦党建、政务、重点行业的云基础设施，得到了国家的大力支持。2020年，中国电信首次采购华为鲲鹏和中科曙光海光服务器，意味着关键行业的服务器芯片国产化迎来拐点。

另外，从整个IT产业的基础架构来看，信创云处于“腰部”位置，上承各种业务应用，下接中央处理器、操作系统等底层软硬件基础设施，起到了承上启下的作用。所以，信创云的生态兼容性至关重要。

比如，京东智联云就携手众多国内技术伙伴，打造了基于自主可控基础软硬件的信创云平台。其中，服务器整机与中科曙光和华为泰山合作，芯片找到了中科海光、华为鲲鹏和寒武纪，操作系统的合作伙伴有中标麒麟和统信UOS，数据库与武汉达梦、人大金仓和南大通用联手，中间件与东方通、宝兰德和金蝶达成合作。

信创云并非一个封闭的产业，而是基于信创的丰富生态构成，只是在安全化、可控化和自主系统化方面有着更强烈的诉求。它可以提高云厂商的全栈化能力，由一家公司提供全部云服务，避免供应商之间推诿扯皮，使用户获得更佳的体验。从这种意义上来看，信创云的发展也将带动中国云市场快速增长。

第 7 章　联：万物互联的神经网络

第 1 节　5G 爆发？这里的黎明静悄悄

距离我国于2019年6月6日发放4张5G商用牌照，已经过去了两年多的时间。

在这两年多里，中国建设5G基站81.9万座，链接5G设备超过2亿台，独立组网模式的5G网络已覆盖全国所有地市——这显然是一份足够亮眼的成绩单。

在成绩单的另一面，却呈现出截然不同的景象。

无论是通信运营商，还是5G设备供应商，乃至大众用户，大家心里多多少少都有一个疑问：手机换了最新的，套餐买了最好的，为何那些酷炫的5G应用却迟迟不见踪影？

瞄准产业互联网

硅谷教父杰弗里·摩尔曾经提出过一个钟形曲线模型，用来表明一项新兴技术从问世到成熟需要经历多个阶段，跨越多个鸿沟。其中最难突破的部分，就是从“早期采用者”向“早期大众”的过渡。

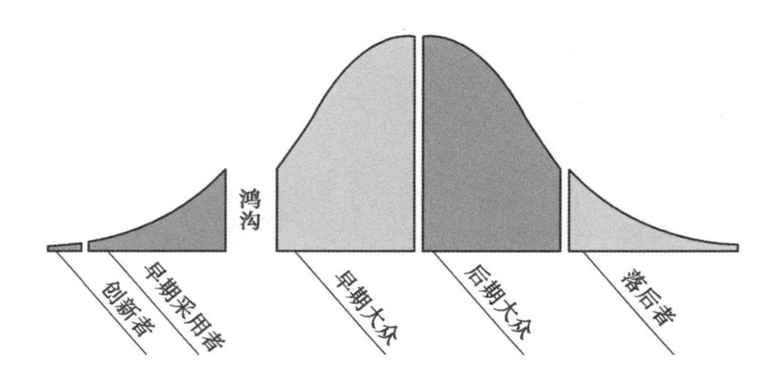

钟形曲线模型

我们觉得5G市场静悄悄，正是因为5G现在仍处于向早期大众跨越的“黎明”中。在过渡过程中，产量少、更新慢、体验差、成本高是每个新兴技术都会面临的问题，而且将持续很长一段时间。

当然，讨论新兴技术的共性问题，并不能完全触及5G商用过程较慢的本质原因，我们还需要了解5G领域的两个特性。

第一，5G瞄准的是产业互联网。

广义的互联网时代有上、下半场之分，上半场是消费互联网。在此期间，中国出现了淘宝、美团、抖音等一大批做消费互联网的企业。它们的业务与大众生活息息相关，所以我们能明显地感受到消费互联网对生活的改变。这种改变不仅仅是应用软件带来的，更是承载网络传输的4G带来的。

而在下半场里，主角从“消费”转向了“产业”，核心从需求端开始上移至供给端，而这正好契合了“供给侧结构性改革”的国策。于是，我们看到阿里巴巴开始转向零售商业操作系统，美团开始赋能餐饮商家的经营活动，腾讯则选择将自己化身为数字世界的“连接器”。

毫无疑问，5G主要瞄准的并不是消费互联网领域，而是以智慧工厂、供应链与产业大数据为代表的产业互联网。产业升级所需要的数据承载能力是4G无法达到的，这才需要5G来填补空白。

第二，5G是一种应用环境，而非应用。

5G与其他新兴技术最明显的不同，是它更加强调物与物的连接。

大众想要体验的5G带来的革新，存在于人工智能、物联网、车联网等应用之中，是5G让这些黑科技最终得以面向我们的生产生活。最具代表性的案例：在新冠肺炎疫情期间，许多支援医院采用5G技术，远程控制机器人为患者做超声检查。我们感叹超声机器人的奇妙，但很可能会忽略5G在其中所做出的巨大贡献。

让“点”先动起来

“热闹是他们的，我什么都没有。”这是许多传统领域从业者在看到5G火热后的真实感受。

的确，虽然运营商们卖力吆喝5G带来的种种好处，但多数领域和行业仍怀揣着谨慎的态度。无论是企业、设备商，还是通信运营商，在推进“5G+”的过程中，对各自的角色分工尚处于迷茫的探索之中，没有形成有序的合作模式，当前的合作还是以随机性较大的点状项目为主。

这一现象在“5G+”工业互联网领域尤其明显，机器视觉检测、精准远程操控、现场辅助装配、智能理货物流以及无人巡检安防等一系列“应用点”不断出现。但正是无数“应用点”的出现，让5G技术在其他领域复制成为可能。

工业机器人在远程手术场景的应用就是一个很明显的例子。由于手术需要极高的操作精度，要求机械臂控制系统能够快速而准确地执行指令。以往，工业生产线上的机械臂并不需要太高的及时性，但在手术场景中，操作延迟很可能造成创口大量出血，最终危及病人生命。

5G正好解决了这一问题。控制器的手势信息先上传到5G网络，并通过5G空中接口传输到机械臂上，机械臂可以根据医生的不同手势，实时进行灵活的手术操作。基于5G技术的加持，爱立信等一批工业机器人企业都开发出了基于手术场景的机器人设备。

物流领域也是如此。一个类似平板小车的机器人在仓库中不停地穿梭运输。出于灵活移动运输的考虑，这些机器人无法安装光纤或者网线，必须通过无线的方式进行连接。在过去，这些机器人大多使用Wi-Fi来进行连接，可达到一定距离后，Wi-Fi就会出现延迟甚至断联的问题，更不要说因为设备过多而出现的信号干扰。

种种问题的出现，导致物流企业不得不在每一个仓库布置服务器机房，用来调度这些机器人。有了5G技术后，依靠低时延和高带宽，数十个仓库使用同一个网络，上百台机器人可以实现联动操作，大大降低了企业的网络部署成本。

凭借这种多设备接入的特性，5G也被运用在智慧医院的管理中。它将海量医疗设备和非医疗类资产有机连接，进而实现医院资产管理、急救调度与设备状态监控等多种功能集约化管理。

正是这些“应用点”跨领域地不断复制，5G才逐渐在多个行业实现应用落地。而“点”的不断联动，也终将形成“面”上的变革。

别忽视“行业门道”这道坎

每一个垂直行业都有自己的行业门道，它们大多来源于从业者数十年的经验积累。5G想要真正实现“面”上的变革，就必须考虑如何在各个行业理解并运用好行业门道。

5G的应用难度非常大，因为它不是某一个行业的5G，而是三百六十行的5G。每个行业需要解决的技术难点，既有相似之处又有不同之处。

搞不清楚行业门道，而一味强调5G速度快、低时延的优势，没有任何实际意义。

热衷于讨论“5G+”的人们，往往拥有不同的行业背景，有的做通信技术，有的做工业互联网，还有的做智慧医疗或者智慧教育，各方在沟通过程中难免产生诸如信息不对称等问题。怎样让行业从业者了解最新的5G技术，同时让5G技术提供方了解各个行业的门道——这是5G发展需要迈过的最关键的一道坎。

那么，如何才能迈过这道坎呢？

首先，运营商应该在服务和响应上更加积极。众所周知，5G频谱掌握在运营商手中，频谱资源的开放程度直接决定了5G在各个领域的应用程度。如何在保证科学分配的前提下，为行业提供更多的频谱资源用于5G布局，是运营商首先需要考量的问题。

其次，企业需要提供更多的试错场景。出于效益与成本的考量，大多数企业对5G的态度都十分谨慎，甚至将其拒之门外。从长远来看，5G是大势所趋，我们不应该用短期的收益去衡量长期的发展。企业应该在力所能及的范围内，提供一批场景用于5G试错。这样一来，企业一方面可以寻找新的收益增长点；另一方面，可以在一定程度上避免在5G时代被淘汰出局。

最后，5G技术企业需要保持敬畏之心。事实上，5G应用环境的复杂程度不仅仅体现在不同的行业有着不同的特性，更体现在即便是同一个行业，在不同的企业身上也有不同的难点，不同的产品和服务要面对的问题也完全不同。技术企业应该避免出现“唯科技论”的傲慢与偏见，认真听取需求企业的意见，真正解决企业的实际问题。

总的来看，中国的5G刚刚迈出了一小步，还有很长的探索之路要走。我们需要怀有更多的信心和耐心，穿过黎明前的晦暗，才能真正抓住5G爆发出来的新机会。

第 2 节　按下数据“出海”的快捷键

“中国人离信息高速公路还有多远？”

26年前，中关村的这块广告牌透露出中国对互联网世界的渴望。26年后，中国的互联网经济已经屹立于世界前列。国际信息高速公路也不再是欧美发达国家的“专利”，中国正在建设与国际合作伙伴互惠互利的“数据出海大动脉”——国际互联网数据专用通道。

数据互通的“专车”

在讨论国际互联网数据专用通道前，我们需要先弄清楚“数据专线”与“互联网专线”的区别。

互联网专线主要用于确保企业和机构能够稳定地访问国际互联网，而数据专线仅适用于点对点的数据传输，严格意义上，它不与国际互联网相连。

看到这里，你也许会提出疑问，为什么不直接用互联网专线传输数据呢？

道理很简单，站在成本的角度上看，大容量数据在国际互联网上的传输费用非常昂贵，多以兆（MB）为单位进行计费。在我国刚刚接入国际互联网时，中国科学院的研究人员对数据资费进行过测算，如果仅仅传输简单的文字内容，每个月的数据费用为近20万元。

这样惊人的花费足够个人每周往返欧美国家两三次。这导致那个时期出现了一批“磁盘背客”。为了节省费用，他们将数据打包在磁盘中，每周携带数百张磁盘往返于国内外。

时至今日，互联网专线费用依然居高不下。在国内的互联网专线价目表上，从中国内地到日本和新加坡的2MB专线月租费用在11.5万元左右，这还不包括租用服务器的花费。

昂贵的互联网专线费用，甚至在欧美催生出“数据卡车”和“数据航班”的业务。美国的亚马逊专门为企业客户提供数据运输的工作，它们将一块块装满数据的硬盘打包，并由卡车或者飞机运向目的地，可以为用户节省超过60%的数据传输费用。

除了昂贵之外，互联网专线传输数据还面临速度和安全的威胁。我们大可将互联网比作一条公路，将数据比作装满货物的卡车。卡车除了要应对早晚高峰带来的严重拥堵，还必须提防随时可能从路边草丛蹿出来的数据劫匪（网络黑客）。

而数据专线的出现，解决了这些棘手的难题。它有三大优势。

第一，带宽保证。与常规的互联网访问不同，数据专线可确保用户的网络带宽不会被其他用户占用。服务供应商会为客户网络保留一定的带宽。借助专用的数据通道，网络不会陷入流量的阻塞中。

第二，对等的上传与下载速度。互联网服务商所提供的下载速度往往是上传速度的几十到一百倍。这是因为用户大多数时间都在从网上下载数据，而上传数据的时间比较少。但在视频会议、远程医疗和工业控制等场景中，为了防止数据阻塞导致的服务延迟，数据的上传速度必须与下载速度匹配。这是常规互联网线路无法做到的，必须依靠数据专线完成。

第三，网络安全。借助数据专线的特有通道，用户不会与其他网络通道发生任何交叉，这从物理层面彻底杜绝了数据劫持和盗用的问题发生。基于这样的特点，数据专线也经常被用在医疗、军事和企业交易等机密领域。

基于上面三种优势，数据专线已经受到越来越多的企业与机构的青睐，它就像是一辆专门用于数据传输的“专车”，为使用双方提供最优质的数据传输服务。

数据出海的急速搬运工

跨国数据传输最快的方式是什么？

在互联网上曾经流传这样一个段子：如何把100GB大小的

数据以最快的速度从中国传到美国？答案是：把数据拷贝（复制）到移动硬盘中，再用快递发过去。

事实上，这不是玩笑，而是我们曾经面临的无奈的事实。作为普通网民，我们很难理解数据跨境传输所面临的困难，它并不像你在微信里给朋友发一张图片或者视频那样简单，企业需要考虑成本、速度、安全性、稳定性等多个指标。

以科学合作为例，中国曾经与法国合作过一个太阳观测的科研项目。观测站建在云南，数据中心则在南京和巴黎。要知道，观测太阳需要实时拍摄大量高清的图片，每周产生的数据量在300GB左右。为了把这些图片传到远在巴黎的数据中心，科学家们不得不精简图片，只选取部分重要的图片，并把图片文件打包，以邮件的方式发送。即便这样，每天也只能勉强传输1~2GB的内容。

金融领域的需求则更加苛刻。金融机构涉及的行业众多，几乎所有行业会与金融机构打交道，金融机构的分支机构众多，且分散在各地。大数据传输常常需要跨区域进行，跨国文件传输也是常有的事，传统传输通道在远距离、网络环境不同的条件下，传输性能不稳定，无法满足金融领域的大量数据传输的需求。

应用需求的不断拓展，极大推动了国际互联网数据专用通道的落地。

我国敏锐地察觉到了这一趋势，并很快开始数据通道的规划。2009年，中国工信部印发《关于支持服务外包示范城市国际通信发展的指导意见》，着手启动数据专用通道建设。在之后的10年间，全国兴建了38条国际互联网数据专用通道，极大提升了我国网络基础支撑服务能力。

2019年9月，由中国和新加坡共同建设的首条面向单一国家、点对点的国际数据专用通道正式开通。这条从重庆经广州、香港到新加坡的数据链路，将在数据传输需求量较大的医疗、教育、数字贸易和多媒体等领域产生巨大的作用。

其中，医疗领域的合作最为亮眼。依托中新互联网数据专用通道，重庆海扶医疗科技股份有限公司和新加坡斐瑞医院开展了远程超声消融手术的合作。在手术过程中，新加坡斐瑞医院的医生可以通过重庆海扶医疗科技股份有限公司的HIFU（high-intensity focused ultrasound）系统与重庆的医生进行链接，实时且清晰的图像传输让重庆的医生能更清楚、更精准、更及时地指导其进行手术，大大提升了手术的安全性和有效性。

破除互联网霸权

2013年，斯诺登出于“保护全世界民众基本自由”的目的，“手撕”美国政府，引发轩然大波。

按照斯诺登的说法，“一旦终端链接网络，美国的服务器就能验证你的设备信息；无论采用什么样的措施，你都不可能安全”。换句话说，无论哪个国家，无论采用多么安全的通信手段，只要在美国的服务器里通信，你都等于在裸奔。从微观层面看，个人隐私受到绝对的监控；往大了看，一个国家的跨境贸易、机密信息、网络安全几乎掌控在美国手上。

令人担忧的不仅仅是网络安全问题，网络基础设施的运转同样备受威胁。在海湾战争爆发前，时任美国总统小布什发布了《16号国家安全总统令》。命令下达后，美国在战争期间中断了对伊拉克国家顶级域名“.iq”的解析。顷刻间，所有以“.iq”为后缀的网站从互联网世界蒸发。

尽管“一键断网”的描述带着戏剧色彩，但不代表我们不需要未雨绸缪。

许多国际贸易中经常使用的网络设施及数据通道，往往会流经美国。斯诺登曝光的文件披露，微软、雅虎、谷歌、Skype等公司会定期传送相关数据给美国政府，数据内容包括电子邮件、即时消息、视频、照片、存储数据、语音聊天、文件传输、视频会议、登录时间和社交网络资料的细节，甚至可以直接监控用户的网络搜索内容。

国际互联网数据专用通道的建立，为破除国际互联网霸权提供了一种新的解决方案。

在金融、医疗、教育和工业等多个重度依靠数据交换的领域，数据专用通道可以提供更为稳定和安全的传输服务。这种独立于传统互联网通信管道的交换模式，不仅提供了快速稳定的数据传输通道，更能在国际形势突变之时，避免跨国贸易出现断档。

近年来，我国不断加强互联网与5G等信息通信领域的建设。一方面，国产的路由器、根服务器的研发和部署极大提升了我国的互联网通信质量；另一方面，数十条国际互联网数据专用通道的逐步应用，让数据传输彻底摆脱了“租房子”的窘境。

相信在不远的将来，中国会完成向下一代互联网的进阶和升级，真正成为全球互联网强国。

第 3 节　城市生态连接：架起人与技术的桥梁

如今，对于一座城市的未来发展，我们应该讨论的不是“要不要发展智慧城市”，而是“如何把握好人、技术与城市的关系，并将彼此有机地连接起来”。

技术陷阱与人文权利

毋庸置疑，城市只有成为智慧城市，才能架起人与人、物与物、人与物之间的智慧桥梁。而智慧城市的发展首先让人想到的是“技术武器”。在一定程度上，“技术成瘾”已经成为智慧城市的流行症状。

2020年，丰田公司在CES（消费电子产品展览会）上宣布，计划在日本富士山脚下打造Woven City（编织之城），建立一个占地面积为71万平方米的城市实验室，将在地上和地下铺设各种传感器，通过各种复杂的管道网络实现互联，以便在真实的城市生活中测试和使用自动驾驶车辆、机器人和智能家居。

这种由企业主导的智慧城市引发了不同的声音。哈佛大学研究员本·格林就曾批评过企业经营的智慧城市，指责企业往往从自身视野和利益出发，固执地认为技术是解决城市问题的核心，而经常忽略城市污染、数据隐私和社会伦理等问题。

我们不想看见智慧城市的“技术军备竞赛”演变为各地主政者们的路径依赖与集体无意识。智慧城市不是标准产品，其建设不仅要避免技术陷阱，还要注重人文权利。

作为一个肤色、性别、信仰和种族等多元文化汇集的国际都市，最大限度地实现平等是纽约建设智慧城市的诉求。比如，为了让行人获取实时交通信息，纽约智慧城市开发了交通动态系统，通过路边搭建的电子屏幕进行信息展示，让没有使用手机或互联网能力的人也可以获得智慧城市的相关服务，从而提高城市文化的包容性和平等性。

同样，首尔在建设智慧城市时也提出了“市民即市长”的理念，利用“市民建设反馈卡”，将市民角色从城市服务意义上的主体，转向城市决策范畴的主体。

由此可见，智慧城市不再只是一种“技术承诺”，还是一种以人为核心的“权利接口”；不仅包含了技术能力、政策设计和应用体验的实现，还包含了数字公平、数字伦理、数字素养以及数字权利的确立。

通过梳理全球的智慧城市建设，我们发现这是一个智慧与反智、丰富与匮乏、控制与失控的关键过渡期。反智是强调技术完成度而忽略了用户体验，匮乏是指应用服务繁多而缺乏满足真正刚需的服务，失控是数据和人文带来的不确定风险，增加了城市智慧化应用的难度。

因此，目前各国建设智慧城市，其实是一场“颇具实验气质”的行动。

城市即平台

如果说“如何建”智慧城市是一道生态连接的多选题，那么“谁来建”就是一道开放题。

智慧城市是城市生态连接的载体。过去，智慧城市以政府投资为主，这种投资模式虽然可以实现政府控制，但是存在诸多问题，比如，政府需要承担投资的全部费用和风险，同时也考验政府的建设和运营能力，许多规划美好的智慧城市项目往往在推进过程中折戟沉沙。

Sidewalk Labs（人行道实验室）是谷歌旗下负责智慧城市建设的子公司，2020年5月，其中标的“多伦多滨水区智慧城市”项目宣布流产。作为投资方的多伦多政府表示，新冠病毒造成的经济影响使其在财务上无法继续支持资源密集型项目，不得不按下暂停键。

多伦多智慧城市项目“胎死腹中”，让全球各地政府意识到，投资模式必须转变。

迪拜是中东的金融中心，政府的财政资金充沛，然而在建设智慧城市时，其选择的方式是通过政府注资3亿美金，打造“迪拜未来基金会”，并以“迪拜加速器”的名义发现和支持创新项目，通过政企合作模式推进智慧城市建设。

由此可见，政府财政包揽智慧城市投资的路将越走越窄，而具有创投化思维、竞赛式创新、市场化意识的智慧城市投资模式，正在被越来越多的城市接受。

搭建智慧城市的技术体系

云	即云计算，基于网络实现异质设备间数据运算与共享的设备服务
边	即边缘计算，智能化时代海量数据的爆发式计算需求与应用低时延、灵活部署的要求使计算力下沉成为必然，边缘计算应运而生
端	即智能终端，负责采集、存储、传递数据，是智慧城市面向城市主体的智能化单元
网	即以 5G 为代表的数据传输网络，是推动端、边、云协同工作的黏合剂
智	即行业智能解决方案，面向智慧城市的不同细分场景，基于“网、端、边、云”四层结构，根据业务需求、行业知识及计算能力，支持不同层次的数据计算和分析互动的行业智能化方案

连接城市生态就像搭建平台，可持续发展不仅需要“智慧组织”，更需要创新的平台机制。在中国的智慧城市建设方案中，特别是数字政府板块，都提到了“体制和机制创新”的重要性，但机制如何设计成为一道难题。

“政企合作、管运分离”是广东省数字政府的体制创新模式。政府部门对业务需求和服务评价担负起“管理端”责任，由腾讯联合三大运营商出资成立的数字广东网络建设有限公司承担起“运营端”责任，负责标准制定、需求对接、数据融合和系统运营等一系列工作。这不仅是城市连接政府和企业的新样本，更是“城市即平台”的生动演绎。

值得注意的是，这种政企合作的模式并非“PPP模式”。智慧城市建设是一项长期运作且存在不确定性的工程，这就造成了PPP模式与智慧城市的建设运营需求仍有差距。比如高速公路与公共Wi-Fi工程，高速公路工程中，通过PPP模式，企业可以在投资建设完成后收取高速公路费用，而公共Wi-Fi工程不同，企业无法在后期通过流量向市民收费。这就要求我们必须找到一种新的政企共赢模式，城市平台化就是一种新的尝试。

破解复杂社会的密码

约瑟夫·泰恩特在其著作《复杂社会的崩溃》中指出，过分的都市化是罗马崩溃的原因。

在罗马城邦文明的演进过程中，随着社会环境越来越复杂，奴隶制这种落后的治理模式难以控制和满足各方利益，最终导致罗马帝国崩溃。

因此，作为一个融合改革创新、营商环境、公共服务、城市品牌和产业竞争力重塑等多要素的综合性载体，智慧城市在生态连接和管理之间的平衡协调，其实更为重要。

比如，政府如何与市民进行更有效而融洽的交互，通过非强制性的决策实现政策互动、服务创新、城市生长与文化传承的可持续？

助推机制可以被视为智慧城市管理的新型政策工具。2017年诺贝尔经济学奖获得者理查德·塞勒与著名规制法学家卡斯·桑斯坦，开创性地提出“一种不构成行为强制的选择架构”，即在保证市民充分享有选择自由的前提下，政府通过行为预测间接助推市民和市场主体自愿做出合理的决策，从而达到社会福祉的最优。

在智慧城市的管理中，人是一个不稳定因素。行为经济学研究表明，各种违背常理的认知和情绪在人的思想中根深蒂固，这通常是种种错误决策的根源。另外，对个人利益的误判会助长其抗拒正确的利益现状，当这种个体认知偏差汇聚成某种群体情绪时，最终的体现就是市民对公共管理的失望和排斥。

因此，在智慧城市治理的语境中，透过助推机制实现市民和市场主体行为的理性化，从而获得更具智慧的社会表达功能，无疑是智慧城市管理者的当务之急。

助推机制只是一种外部管理机制，对于智慧城市复杂的内部系统，更要形成拧成一股绳的长效机制，才能实现管理的科学性。

在智慧城市建设初期，“要数据跟要饭一样”的问题十分严重，这背后的原因很多，有部门利益的因素，有对数据安全的担忧，也有技术标准和接口不统一的问题。要解决这样的困扰，必须加强智慧城市建设的顶层设计。

其中的关键就是优化信息架构。比如建立信息公开制度，信息的缺失和误差一目了然；或者自上而下打造一体化、集约化的数据资源平台，形成信息联动、共享的协同管理模式，实现数据自我更新修复的“自愈型政府”。

随着城市化进程的加快，以及人、数据和算法的不断堆叠和应用，城市将成为一个容量巨大的载体。也许复杂就是城市本身，而连接则是城市未来的进化之路。

第 4 节　不可窃听！量子通信取代传统通信

说起21世纪的黑科技，量子科技绝对是一个绕不开的话题。

几十年来，这个带有某种神秘色彩的词汇，总是隔三岔五地出现在大众视野中，引发大众无限遐想。我们所熟知的爱因斯坦、海森堡和薛定谔等科学巨匠，都对量子有过深入研究。

从1980年起，量子科技与信息科学开始交叉，诞生了一门全新的学科——量子通信。物理学界将其称为“第二次量子革命”，其重要程度不亚于量子力学诞生时的“第一次量子革命”。

量子通信是什么？它与现有的通信技术相比，具有哪些优势？它又将如何影响我们的生产生活？

让“窃听风云”成为历史

量子通信在严格意义上应该称为量子加密通信。

在通信过程中，为了让信息保密，往往会对信息进行加密处理。像是谍战片中常有的桥段：A、B两个特工拥有同一个密码本，A通过密码本加密，将文字信息变成一串奇怪的数字。B在接到这串数字后，根据密码本的内容，再将其“翻译”成文字信息，从而完成信息的加密传递。

时至今日，虽然加密的手段越来越复杂，但其核心原理并没有改变。随着计算机技术水平不断提升，传统的加密方式越来越不安全。毕竟，密码本可能丢失，特工可能被俘获，密码也可能被破解。

量子通信就是利用微观世界的量子力学特性，使通信加密无法被破解。

在量子力学中，当两个电子靠得足够近时，双方会释放出一个光子，并进入纠缠状态。处于纠缠状态的两个电子，无论距离多远，都会出现形态相反的特性，即一个电子上旋，另一个电子就必定下旋。除此之外，由于量子叠加原理的存在，在测量之前，电子处于上旋和下旋的叠加状态，只有测量之后才能赋予它一个确定的状态。

基于这些特性，量子加密通信应运而生。量子加密通信有两条传输通道：一条传递纠缠粒子对（通常是纠缠光子），一条是传统通信线路。

简述一下这个过程：首先，从*A*点向*B*点依次发射100个偏振角不同的光子，每个偏振角度不同的光子分别代表某个数字或者文字；接着，*A*点利用传统通信线路，如短信、电话、邮件等方式，告知*B*点每个光子的偏振角度；最后，*B*点依次将接收设备按照偏振角进行调整，成功收获100个光子，并进行翻译解密。

量子通信之所以能够解决窃听问题，是因为一方面，量子通信每次只发送一个光子，一旦接收方没有收到，发送方立刻就能察觉有人在窃听，进而中断通信；另一方面，根据“量子不可复制的定理”，窃听方在截获光子后，无法复制一个同样的光子再发出去。

这样的量子通信传输规则在1984年由加拿大和美国科学家提出，并被命名为“BB84协议”。彼时，物理学家们认为，量子通信可以从根本上解决国防、金融、政务、商业等领域的通信安全问题。后来的事实证明的确如此。

这次领先的是中国

虽然欧美科学家率先提出了量子通信的基本原理，但在实践层面，中国一直处于领先地位。

2009年5月，中国科学技术大学与芜湖市协作，构建了世界上第一个“量子政务网”。“量子政务网”连接了芜湖市科技局、招商局、经贸委、总工会和质监局等市政机关以及芜湖市电信大楼的八个用户，设置了四个全通主网节点和三个子网用户节点，以及一个用于攻击检测的节点。

这个网络可以完成任意两点之间的绝对保密通信，不仅可以实现保密声音、保密文件和保密动态图像的绝对安全传输，还能满足通信量巨大的视频保密会议和大量公文保密传输的需求。

经过10年的发展，量子通信开始实现产业化。2020年5月，业界龙头企业国盾量子与安徽电信联合，在安徽宿州建成了“天翼国盾量子云”。这个量子云平台集合了扫黑除恶、应急管理与市长热线等多个市政管理功能，实现了量子安全技术和云安全防护技术的融合。

我国量子通信在金融领域的应用也很多。包括中国人民银行与银监会在内的部分政府金融监管部门以及工农中建等多家商业银行，都积极参与量子通信在金融行业内的应用。如人民币跨境收付信息管理系统的报送、银行和监管机构之间的信息采集报送、同城及异地之间的业务传输等。

真正让我国建立全球业界影响力的是2013年立项的“京沪干线”量子通信网络。这条全长2000多公里，耗资5.6亿元的线路，连接北京和上海，贯穿济南和合肥，是世界上第一条量子加密通信干线。

在这条干线的基础上，2016年8月，我国第一颗也是世界第一颗量子科学实验卫星“墨子号”成功发射，实现了卫星和地面的量子通信，构建了天地一体化的量子通信与科学实验体系，为将来的星地之间的密钥分配（量子通信）打下了基础。

到2020年末，我国打造的天地一体化量子通信网络成功接入包括金融、电力、政务等100多个行业场景。同时，“墨子号”量子科学实验卫星也和京沪干线光架进行了串联，为150多名用户提供4600公里跨度的量子保密通信网络服务。

2021年1月，负责中国量子通信系统建设的潘建伟院士在*Nature*上公布了中国量子通信网络成果，震惊了全球业界。该期刊的审稿人对此评价称，这是地球上最大、最先进的量子密钥分发网络，是量子通信“巨大的工程性成就”。

在量子通信领域，其他国家的进展也不容小觑。

邻国日本提出了“量子信息长期战略”，计划在2040年建成极限容量、无条件安全的广域光纤与自由空间量子通信网络。

欧盟在2008年启动了量子通信技术标准化研究，并成立“基于量子密码的安全通信”工程。2016年，欧盟计划启动投入10亿欧元的量子技术旗舰项目，以实现在欧洲范围内的量子技术产业化。至今，欧盟已经实现了量子随机漫步、太空和地球之间的信息传输等应用。

美国是量子通信领域的有力竞争者，其国防部支持的“高级研发活动”计划将量子通信应用拓展到卫星通信、城域以及长距离光纤网络。NASA（美国国家航空航天局）也计划在其总部和喷气推进实验室之间建立一条直线600公里、包含10个骨干节点的远距离光纤量子通信干线，并计划拓展到星地通信。

前路仍旧漫漫

量子通信虽然已有不少应用，但目前仍旧面临种种困难。

首先，在密钥的分发方面，其安全性基于特定的物理层通信。量子通信要求用户租用专用的光纤连接或物理控制的自由空间发射器。正是硬件带来的局限性，导致量子通信一方面在某种程度上缺乏安全补丁和系统升级的灵活性，另一方面不能轻松便捷地集成到现有的网络设备中。

其次，架构成本也是需要考虑的。量子通信网络经常需要使用价格昂贵的高质量服务器，这会增加安全设施的建设和使用成本，而由此产生的服务器暴露将带来更加严重的安全风险。这就决定了在许多实用环境中量子通信难有立足之地。

此外，硬件的安全性也是一个必须关注的问题。量子通信网络提供的实际安全性，不仅仅源于规则本身，还依赖于硬件和工程设计提供的安全性。密码安全对不确定性的容忍度，要比其他方案小很多。而用于传递信息的特定硬件，有可能导致系统层面的漏洞，最终阻碍量子通信的广泛应用。

量子通信毕竟是一项刚刚问世的新技术。目前看来，它还很难替代现有的通信网络，但是作为一种通信网络的补充和加密升级，在服务安全性需求高的行业领域，它有着很好的应用前景。

更具想象空间的是，随着量子卫星数量的增加，尤其是当我们拥有了十几颗甚至几十颗量子通信卫星之后，量子加密通信将能实现全球覆盖，结合地面站、地面接收和发射设备便携化，将会构筑一种经济、高效的安全通信网络。

第 8 章　数：亟待开发的数字新石油

第 1 节　大数据时代的下半场："完美数据"如何破局

当全球范围内的数据比拼由"数量之争"变为"质量之战"时，大数据时代的下半场才正式拉开帷幕。

今天，在万物互联的"数字化世界"，数据量每年呈指数级爆炸式增长，全世界每天产生的数据量可能是过去几个世纪的总和。在这样的背景下，一个复杂的问题悄然而至——如此海量的数据，如何进行整合、加工与转化，进而产生价值？

如果说大数据时代的上半场的主要任务是采集数据，让数据"大"起来，那么下半场的核心目标无疑是通过数据治理，让数据"美"起来。

破局：从“完整数据”到“完美数据”

“完美数据”实际上是“超高价值数据”。

从前，我们以数据量为导向，一味地追求“全域数据”和“完整数据”。而现在，我们对数据提出了更高的要求，需要以数据价值为导向，打造干净、时效、闭环的“完美数据”。

干净是指数据必须精准、无重复、无遗漏、无杂质、无干扰；时效则是指数据的实时性与即时性，时效越高，数据价值越大；闭环则要求数据碎片互联互通，形成一个数据链条闭环。

实际上，在现实中我们对数据搜集、整合、判断、行动，再到反馈的过程，并不完善。数据闭环系统还未形成，对大数据价值的开发仍处于初级阶段。而往往很多智慧场景的实现与否，都取决于大数据的完善程度。

举个例子，在开放的互联网大数据运用方面，我们经常收到个性化的商品推荐与内容推送，但这些个性化的推荐在很多情况下是重复且无效的。因为在这个过程中使用的用户数据相对单一，只局限于购买记录、浏览痕迹与关键词筛选，所以分析结果也不足够精确。

而未来，我们对数据应用的要求是极致的精准与完美。比如我们想要实现汽车的自动驾驶，自动驾驶系统就必须适应动态交通环境，实时匹配导航系统、传感器、摄像头以及全域路面交通等交互数据，并且需要相关数据精准、实时而互通，从而形成一个完美的大数据闭环系统。

这就是由干净、时效、闭环三大特性构建起的“完美数据”所带来的超高价值，它将成为未来大数据的基础标准，同时也将推动智能社会进一步发展。

进阶：商业与工业的必经之路

在大数据时代的下半场，“完美数据”正引领商业和工业进行新一轮的迭代与升级。

商业的核心是交易，而交易的本质是消费需求匹配。大数据时代的上半场，商业已经可以做到“猜你喜欢”；下半场，商业正试图做到“让你喜欢”。

猜你喜欢，即根据购买、浏览与搜索等比较单一的线上购物行为数据，来进行商品的关联推荐。这种关联推荐过于简单粗暴，还会经常出现“推荐你已经购买了的商品”等无效推荐。

而“让你喜欢”则是将你的兴趣爱好、职业领域、社会关系、网络关注，甚至实时的地理位置与时间节点等数据“完美串联”起来，挖掘你潜在的消费需求，向你推荐那些连你自己都还没想到，却又非常需要的商品与服务。比如，在你父母生日时，根据他们当时的兴趣与需求，给你推荐合适的礼物；当你连续几天大鱼大肉后，给你推荐一餐素食；在你完成一场徒步郊游后，给你推荐一次足疗。甚至根据你的假期时间、消费水平、近期关注以及同行人员，为你精准地定制一套包括行程、住宿与吃喝玩乐的旅游方案。

在工业领域中，“完美数据”更是未来智慧工厂的核心支撑。例如，我们要打造一条智慧生产线，首先要求传感器等硬件设备采集的生产数据是高颗粒度、高质量的；其次，数据的动态更新、检测和反馈的及时性都需要做到极致；最后，针对全维度生产数据进行系统关联，打造生产数据链闭环，从而搭建生产线数据模型，最终实现智慧生产线的优化调控、工艺优化、效率提升以及安全监管。

无论是商业还是工业，追求“完美数据”都是智能化的必经之路，它将在未来释放更大的动能与价值。

生态：四大核心技术构建大数据时代的下半场

如果说在价值层面，“完美数据”是破局下半场的关键，那么在技术层面，该如何为“完美数据”的完美应用提供保障，完善下半场的生态呢?

完美应用“完美数据”的核心，就是实现大数据的知识化，也就是将现有的数据和原始的资源进行比较和关联，通过数据处理，建立信息之间的关联，建立智慧大脑，把大数据系统化、知识化，提升大数据预测未知领域情况的能力。

为了实现大数据的知识化，下半场将紧紧围绕以下四个核心技术展开。

（1）数据湖：“完美数据”的存储空间

数据湖的本质是一个以原始格式存储数据的系统或存储库。

一直以来，我们存储数据的方式通常是数据库。我们可以把数据库比喻成桶装水，里面的水都是经过过滤加工后的纯净水，主要用于饮用，我们要喝水的时候就通过其连接的饮水机来接水喝。也就是说，数据库的特点是数据量比较少，作用较为单一，提取方法比较局限。

而数据湖更像是一个自然状态下的湖泊。“湖”内的水都是自然状态下的水，我们可以根据不同的需求采取不同的方式来用水，可以将水烧开饮用，也可以用水洗衣或做饭，并且可以用各种方法来提取水，如用桶装，用碗盛，甚至用管道自动引流。

数据湖的特点是“湖”内都是原始无污染的数据，并且标准统一，可以供更多的人用更多的方式提取使用，并且具备更多的开发价值和想象空间。未来，数据湖将是“完美数据”的核心存储模式。

（2）知识图谱：“完美数据”的社交网络

如果说数据湖是一个“完美数据”的存储模式，那么知识图谱则是这个空间里连接每一个数据的神经与链条。

“知识图谱”是一种用图模型来描述人类知识和万物关系的语义网络。通俗地讲，就是依据实体、概念、逻辑、属性和关系等一般认知，将数据与数据关联起来，进而形成一张庞大而复杂的关系网络图谱，这好比建立起一个数据之间的“社交网络”，人工智能可以根据这个图谱，进行认知、分析、推理与判断。

比如针对犯罪团伙的刑侦工作，就可以利用“完美数据”的知识图谱，深度挖掘犯罪团伙的每一个成员信息，从而进行精准打击。

（3）神经网络：“完美数据”的潜意识

神经网络是依托复杂系统，通过调整网络内部大量节点之间相互连接的关系，进行分布式并行信息处理，最终实现模拟人脑智能活动的算法数学模型。

简单来理解，在一个共同的网络空间中，两个关联的“完美数据”会根据需求，通过算法模型自然结合，就好像两个相关的数据有自我潜意识，能够自动关联匹配，从而创造价值。

比如3D建模，我们把与飞机认知相关的数据称为A，建模技术数据称为B，当我们提出一个飞机建模的需求时，只用画一幅飞机的平面草图，A和B就能自动结合，通过神经网络可生成一个完整的三维模型，甚至还能进行自动上色。

通过神经网络，“完美数据”可以拥有无限的想象空间，诸如写作、音乐和美术等艺术类智能创造都将成为现实。

（4）边缘计算："完美数据"的肌肉记忆

不同于云计算，边缘计算在本质上是一种靠近用户与终端的数据计算与分析服务，它不需要通过数据中台来统一处理与反馈。

如果把一个数据系统比喻成人体，"完美数据"就是人体内的每一块肌肉组织和关节，边缘计算就是让人体每个部位都拥有了肌肉记忆，当遇到问题时每个部位都可以快速自动地做出反应，而不用经过大脑思考后再进行控制调整，大大提升了行动效率。

边缘计算亦是未来物联网发展的核心技术，它可以实现物联网中每个终端设备之间的"完美数据"自动运行与计算，最终实现高效率的万物互联。

实际上，大数据的底层逻辑就是"关联"，无论是"完美数据"，还是与之相伴的技术趋势，都离不开"关联"二字。我们只有搞懂了"关联"，才能更好地理解这个大数据时代。

第2节　数据治理：撬动数字世界的杠杆

古希腊科学家阿基米德说过，"给我一个支点，我能撬动整个地球。"今天，大数据无疑是数字世界的支点，而数据治理则是撬动数字世界的杠杆。

以前我们对数据治理没有足够重视，是因为我们还回答不了一个根本性的问题：数据到底有什么价值？而今天，我们越来越能够体会到，数据治理直接影响了大到一个国家，小到一个企业的管理能力、决策能力与服务能力。

每一个政策的出台，每一条法律法规的完善，都是基于完整、精准的超高价值数据而做出的决策；在商业发展中，数据质量差、数据泄露和数据重复是企业最大的风险。

如何寻找数据治理实施路径，又如何通过数据治理实现数据价值的最大化，成为未来大数据发展的核心命题。

路径：数据治理的四大思维

数据治理究竟是什么呢?

实际上，由于当前数据生态存在诸多困境，比如数据标准不统一、数据存储分散、数据质量不高、数据流通的安全系数低以及数据开放共享导致的隐私泄露等，我们无法对数据资源的价值进行更进一步的挖掘。

数据治理就是以“数据”为研究对象，在确保数据安全的前提下，通过实施一定的策略解决信息孤岛、黑暗数据等数据质量问题，从而输出“完美数据”，最大限度地释放数据价值。

基于体量大、类型繁多、处理速度快、价值高而密度低等大数据的特征，数据治理的过程也应该具备四大核心思维。

（1）全态思维

全态思维要求我们兼顾数据治理的全面性与时效性。一方面，我们针对某一领域进行数据治理时，凡是与数据价值变现可能相关的数据，全部都要纳入治理范围，从而对整体数据完成综合治理。

另一方面，在数据治理的过程中，我们必须及时动态响应数据环境变化与市场需求，在数据价值失效前，挖掘其内在价值，并完成快速、精准的数据分析与运用。

大数据抗疫其实就是一个典型的全态思维数据治理的案例。一方面，它需要整合医疗、卫生、交通、出行、消费等多个维度的综合数据，进行统一治理分析；另一方面，它要结合所有人的体温、症状、风险接触等动态数据，实现全面而精准的疫情防控。

（2）图谱思维

大数据不是独奏，而是不断连接、无处不在的数据。这就要求我们在数据治理的过程中要拥有图谱思维，正确处理数据与数据之间的关联性，通过对关系的挖掘与分析，能够找到隐藏在行为之下的逻辑，并进行直观的展示。这是建立数据知识图谱、数据地图以及实现数据价值的关键。

在金融风控领域的数据治理过程中，核心是要打通相关数据，动态、实时地描画囊括个人基础信息、金融行为、社交网络行为等的用户综合画像，并结合业务场景，根据画像的情况与模型对应，形成具有金融业务特性的风控体系，从而给出风险评估，实现风险秒级响应。

（3）战略思维

数据的价值来自场景。数据治理必须依托企业自身的运营模式、管理模式、业务规模以及风险控制能力。数据治理不是一个盲目的过程，而是用战略目标指导治理。

同时，要以数据开放为原则，数据资产为基础，数据管理体制机制为核心，建立健全规则体系，形成多方参与者良性互动，实现数据共享共建的流通模式。

实际上，很多大体量的公司要实现全面的数据共享也是一件非常困难的事。它们是怎么做的呢？首先是将业务强相关的部门拉到一起，分别拿出一小部分具有价值的公共数据进行共享。当这几个部门尝到了数据共享的甜头之后，就会有意愿打通更多的核心数据，这样就先形成了小范围内的数据共享，然后以点覆面，逐步实现全面共享。

（4）底线思维

大数据发展永远都是以数据安全与隐私保护为底线。在数据治理过程中，我们要把握好数据的所有权、使用权、收益权、审计权与删除权等数据权责与利益。

在这个方面，国际著名计算机学家、图灵奖获得者姚期智曾表示，加密技术在数据治理中起到至关重要的作用。通过把一系列可信算法和相关的真实机构结合起来，就能够在加密的数据上计算，最终实现数据可用而不可看。

比如一些大数据公司帮助很多银行搭建风控系统的数据算法模型，而数据算法模型需要大量的银行用户数据来进行算法训练。它们是如何保证用户数据隐私的呢？就是通过在银行数据库的基础之上进行加密处理，使数据模型在封闭空间内完成训练，从而实现隐私数据的可用而不可看。

实践：美团酒旅数据治理三步走

美团旗下的酒旅业务从2014年独立运营开始，其数据量每年以两倍速度疯狂增长，数据运营成本逐年升高。

美团酒旅数据最核心的几大问题如下。

（1）数据标准不统一

由于很多业务部门的数据都是以文档形式存在，每个人对同一数据的理解不同，导致数据标准出现差异，而在数据建设过程中很多应用层数据都是烟囱式建设，又使得很多数据指标没有统一。

（2）成本负担重

在大数据存储和计算的资源成本上，费用占比已经超过了35%，并呈逐年上升态势。

（3）数据权限问题

各业务线之间可以共用的数据比较多，但每个业务线没有统一的数据权限管理。

（4）运营效率低

面对海量的咨询数据，需要花费大量人力来解答业务用户的问题。

面对这样的数据痛点，美团酒旅采用三步走的方式进行了全面的数据治理。

第一阶段完成被动治理。从问题最大、风险最高的数据库进行突破。根据数据冗余复杂的特点，美团酒旅将重复数据全盘梳理，并对不同数据进行分类存储，大幅降低数据存储成本。这个阶段美团酒旅主要是通过人来治理数据库。

第二阶段进行主动治理。在第一阶段数据库治理的前提下，美团酒旅逐步统一各业务部门数据指标与共享体系，把经验流程化、标准化、系统化，并建立长期的运营规划，从源头把握数据质量。这个阶段美团酒旅更多的是用体系来统筹治理，全面提升企业数据质量。

第三阶段实现自动治理。在前面两个阶段的基础上，美团酒旅将实际业务和数据库结合分析，建立算法模型，实现数据系统智能运转，从而为业务部门生成数据使用指南，并提供决策依据。这个阶段美团酒旅实现了智能治理，将企业数据价值进行了最大化的开发。

通过三个阶段的系统化治理，美团酒旅建立了自己的数据治理体系，大幅提升了数据运维效率。

实际上，数据治理方式“千人千面”，不同体量、不同发展阶段与不同需求的机构，数据治理的路径均不相同，但终点始终只有一个——全面释放数据价值。

数据治理就像一张几万块碎片的拼图，起步的5%是最吃力也是最痛苦的。但当我们坚持到25%以上，它的脉络就会逐渐变得清晰，路程也将变得轻松，我们离撬动未来数字世界也就不远了。

第 3 节　数联网与数开放：打破数字政府新边界

转身先转头。作为中国数字经济发展的“大脑”，数字政府的进一步建设，无疑是中国数字化转型发展的重中之重。

2020年8月，联合国电子政务调查报告显示，我国电子政务发展的全球排名比2018年提升了20位，特别是作为衡量国家电子政务发展水平核心指标的在线服务指数，排名大幅提升至全球第9位。

用数据为人民服务。在全球排名提升的背后，体现的是我国数字政府建设思维的一次次升级。从早期电子化与信息化的数据型政府，到现在实现政务“一网通办”的服务型政府，我国数字政府的外延不断被扩展。

未来，随着新一代技术与理念的持续创新，政府数据资产价值无疑将得到进一步释放，我们又会以何种方式再一次开拓数字政府的服务边界？

数联网：统筹型政府的中枢

2016年，浙江省率先实现了“最多跑一次”的改革。企业或民众需要办理政府相关事项时，只用到相关部门提交一次齐全的材料即可完成整个过程，从而实现了“百姓少跑腿，数据多跑腿”的服务目的。

但是，“最多跑一次”是不是政府数字化改革的终点，是否还有继续提升与完善的空间？回答毋庸置疑，一定是有，而且方向就是从“任何事最多跑一次”到“所有事只用跑一次”。

那么如何实现“所有事只用跑一次”的目标呢？关键就是打造以“数联网”为中枢的统筹型政府。

首先我们在认知上达成一个共识，那就是数据不是一切，但一切都会变成数据，所以世间的万事万物都可以由数据来定义。在这个基础之上，我们再来看互联网与物联网，会发现其本质意义上都是“数联网”，即数据联网。

数联网的核心在于，它不是一潭死水，而是由各个动态数据节点互相连接构建出的一张活网。反过来，网络中的每一个动态数据节点背后，都有一片组织与纽带。当一个动态数据节点发生数据更新时，其他动态数据节点也会自动关联，进行交互式的同步更新，实现“一点动，全网随”的效果。

而统筹型政府，则是在数据的维度，将各个部门的数据通过数联网的方式接入，打造一个整体的“大脑中枢”，实现系统思考与一体化服务。

这个时候，对公众而言政府就是一个整体。公众再向某个部门提交材料，它的审核结果就会被永久保存与网络接入，以后在任何部门办理任何业务时，需要用到这个材料上的数据，都不用再次提交，“所有事只用跑一次”也就成为现实。

另一方面，在公共服务领域与社会现代化治理层面，我们也要求数字政府必须是统筹型政府。

比如，公安部门办案通常需要全面了解涉案人员的婚姻、房产和工作等多种信息，但直接掌握这些信息的是民政局、房管局以及社保局等部门，而且这些信息都是动态变化的。以往的流程是公安部门向其他部门提交信息查询请求，然后等待反馈，这个过程还要办事员反复沟通，效率极低。而通过数联网打造了统筹型政府之后，各部门数据将会主动更新同步到公安部门，保证了数据的时效性与交互效率，大大提升了公安部门的工作效率。

实际上，在统筹型政府的构建中，政府必须明令要求各部门保存相同的数据，并“强迫”互相之间的沟通，全面提升服务效率，这其实是一种倒逼机制的建立。而善用倒逼机制，其实也是推动政府改革的有效方式之一。

数开放：数驱型政府的发动机

2009年，美国政府率先建立了世界上第一个数据开放的门户网站，并要求联邦政府各个部门都必须定时定量地在这个网站上开放数据。这也是第一次实质意义上由政府主导实现的政府数据开放。

事实证明，数据开放共享大大提升了美国政府的治理成效。美国是气象灾害频发的国家，为减少气象灾害带来的严重损失，美国政府通过政府数据开放平台，将国家海洋大气局、国家航空航天局、地质调查局以及其他联邦机构打通，并整合了多方社会机构和研究团体参与到气候研究中来，进而降低极端天气事件带来的损失。

实际上，在全球范围内，全社会大部分的数据资产掌握在政府手中。那么政府该如何进一步释放数据资产价值，再一次突破数字政府的服务边界呢？

数据开放是必经之路。但首要的问题是，哪些数据应该开放，哪些数据不应该开放？几年前，上海市实施政府数据开放时，给出的答案：如果有的数据，相关部门认为不能开放，必须给出理由。为此，上海市还成立了一个专家组，对不开放数据进行审核，通过审核才可以不开放，其他数据则必须开放。

数据开放只是手段，究其本质是要通过政府数据资产的多场景输出，驱动各种创新应用，从而创造更大的社会效益和商业价值，最终实现“服务增效”的数驱型政府。

数驱型政府需要具备的第一个能力就是异源重构。通过将不同维度的政府数据进行开放与融合，构建一个全新而完整的数据综合服务体，全面提升公共服务效率。

比如，济南市成功打造了国家首个电子健康卡试点。电子健康卡以身份证号为基础，关联个人的全部健康信息，通过政府数据开放，将身份证、社保卡与就诊卡三方数据进行融合，重构出了医疗健康综合“一张卡”，实现预约挂号、病例影像资料调取等医疗服务一卡通办，大大提升了医疗服务质量与效率。

数驱型政府第二个能力则是场景输出。开放不仅仅是公开。公开强调知情权，开放强调使用权。政府其实并不是开放数据本身，而是对数据的应用场景进行开放，驱动产业与商业模式创新。

比如，重庆市的公共数据资源开放，汇聚了48个市级部门，20个主题，800余类数据，用于支撑便民服务、科学研究与产业发展。“渝快融”便是一例，它是重庆市企业融资大数据服务平台，致力于政务数据“聚通”，帮助企业解决融资难、融资贵、融资慢等问题。让大数据成为小微企业融资的“代言人”、金融机构的“风控师”、银企对接加速器，目前已经助力20多万家小微企业融资370亿元。

在异源重构和场景输出的基础之上，通过政府数据与应用场景开放，驱动智能社会的全面实现。

上海市浦东新区与同济大学签署了战略合作框架协议，核心就是通过开放政府的工业、交通、医疗等数据应用场景，来支撑同济大学的科研攻关，助力智能巡检机器人以及自动驾驶等技术的研发，从而驱动智慧交通、智慧城市、智能制造、智能医疗等领域的产业变革。

随着统筹型政府与数驱型政府的打造，中国政府的数字化转型已步入快车道。以数据为燃料、数联网为中枢、数开放为动力的建设思路，终将更好地实现“用数据为人民服务”的美好愿景。

第 4 节　掰开数权，能让数据流通起来

时至今日，数据已经成为数字经济时代核心的生产要素。但实际上，指数级爆发的数据并没有汇聚为一片蓝海，而是以碎片化的方式分散在不同地方。“一盘散沙”的数据难以释放价值，只有让数据流动起来，才能催生不可估量的新动能。

于是，我们看到：一方面，以政府为主导的数据开放与共享不断深化，使数据要素得到了进一步的体系化配置；但另一方面，以交易为核心的数据要素市场化流通，却亟须持续地探索与改进。

问题的核心在于数据与土地、资本、劳动、技术等传统生产要素不同，它作为一种全新的资源，无论是在产权界定还是交易规则方面，都有着本质上的区别。

不适合交易的“交易品”

世界上或许没有第二种商品像数据交易那样具备想象力和创造性。

1963年，诺贝尔经济学奖得主肯尼斯·阿罗就提出：数据与一般商品迥然有异，买方在购买前因为不了解该数据，所以无法确定其价值，但买方一旦获知该数据，就可以立刻复制，从而不会再购买。

这就是数据交易的“阿罗悖论”，导致了数据交易双方极大的互不信任，也无法定价。

就像“赌石”，买家不确定原石的实际价值，卖家也不会在交易之前就把原石切开给买家展示，因此原石的价格无法事先标定，是由买卖双方协商确定的。而数据比原石更具有不可测性。原石买家还能通过经验估算出大概价值，但数据买家没有使用，就无法明确价值。不可辨认且无形，是数据定价的核心难题。

数据定价难题也体现在企业的收购项目中。虽然它不涉及直接的数据交易，但对于被收购公司的数据资产，无法做到科学估值。2016年，谷歌收购职业社交网络公司领英，由于领英拥有独一无二的数据资产，能为谷歌提供巨大的价值，所以谷歌最终开出了高于领英市值50%的价格。这次收购估值在如今仍饱受争议。

除了互不信任与无法定价外，数据交易还存在一个最大的难点，那就是“第四者问题”。在传统交易中一般都是买卖双方协商交易，最多出现第三方机构，比如房产中介等。但在数据交易过程中，除了数据供应商、数据买家和数据交易所，实际上还涉及“第四者”，也就是原生数据的当事人及其隐私。

比如国内各大互联网巨头，它们虽然具备洞察用户全行为数据的巨大优势，但在数据变现的过程中却面临数据权属难题。

种种特殊性导致数据不能按照传统市场交易模式进行，必须建立符合数据要素特性的市场交易体系。

先确权还是先定价？

如果无法对商品定价，也就无法实现交易；如果没有初始的权利界定，交易与流通更无从谈起。

面对建立数据市场交易体系这道难题，我们不禁产生疑问：到底应该先对数据确权还是先给数据定价？

在回答这个问题之前，我们先来谈谈数据产权的争议。数据是由个人行为产生的，法律也保障了个人原始数据的所有权，但单一维度上的原始数据价值有限，企业与机构等平台方对数据进行收集、存储、维护和应用，赋予了数据更大的价值。

如何平衡数据当事人与平台之间的权利划分，是数据确权的难点。我们不妨将视野提升到社会与经济发展的层面上来看，数据是驱动数字经济发展的命脉，如果平台完全失去数据产权，那将极大地影响数字经济的根基。

所以，我们探讨的数据确权问题，不是为了简单地判别数据归谁所有，而是为了通过建立合法合规的数据权属、使用和交易机制，推动数据便捷高效地流通，安全可靠地使用以及价值保障的权益分配。

在这样的共识下，数据的确权问题豁然开朗。在经济学中，任何一个商品的产权都不是单一的，而是一个权利集束，包含所有权、使用权、控制权和收益权等。那我们就可以将数据权利集束进行合理的划分：底层原始数据产权属于个人；集合数据中的使用权属于收集整合的平台机构；脱敏建模的数据产权属于数据处理机构，而我们交易的，实际上只是“数据商品”的使用权。

企业可以名正言顺地进行市场化的数据交易，价值变现后，再对数据当事人及各个环节的机构进行合理的收益分配，最终实现数据的优化配置以及利益多方共赢，这才是数据市场化交易的美好愿景。

虽然这样的确权理念还未能形成具有法律保障的市场化体系，本质上数据交易还存在“拿别人的东西卖钱”的现实问题，但数据交易不能停滞不前。

界定数据产权固然重要，但如果过早、过严、过窄地定义和规定数据的所有权，很可能会制约数据产业和生态的发展。确权是定价的根本，定价是确权的导向，所以我们既要让数权明确起来，又要让数据价值发挥出来。

大数据交易中心再出发

大数据交易中心曾经一度是各地的重点建设对象，但发展情况不尽如人意。

混乱无序的大数据交易定价指标体系让大数据卖方空有大批数据却无人问津，大数据买方望而却步。正如某地大数据交易中心负责人所言：“大家只是通过交易中心来接触一些客户，交易过程并不依赖中心来开展，我们更像是提供数据撮合类业务的中介。”这也反映了国内大数据交易中心普遍存在的定位与功能之困。

面对当下数据要素市场化流通的核心任务，大数据交易中心该如何改弦易辙，摆脱单一的场所提供者身份，重新定位自身角色，重整旗鼓再出发？

首先，大数据交易中心应该成为认证者，破除“双边信任困境”，这也是数据交易的前提。大数据交易中心应当确立交易双方的准入资质，并甄别和推荐有良好声誉的数据提供方和数据需求方，从而降低数据交易过程中的信任成本。

其次，大数据交易中心应该成为创造者，不断开发新的交易模式，丰富数据生态，提升数据流通价值。单一的原始数据交易模式，导致了数据本身不易定价的问题，也使数据价值大打折扣。“时效性”是释放数据价值的重要条件，如果一个大数据营销公司购买的数据不够及时，便会导致其广告推送失效。

大数据交易中心应该进一步升级交易模式，将数据供给方的角色从“出售者”转变为“数据长期运营者”，购买方也从“买数据”到“订阅数据”。这种交易模式的好处是，一方面保留了数据商品的动态价值；另一方面，相比一锤子买卖，服务更容易定价与标准化。

最后，大数据中心应该成为守护者。数据安全与隐私的特性，决定了数据交易必须是三方交易。大数据野蛮生长的阶段，存在大量的“地下交易”与“灰色交易”，这不仅损害用户隐私权益，还会诱发大规模的公共安全事件。所以，未来的大数据交易中心，必须具备更加专业的数据安全保护技术和制度体系。

各地大数据交易所列表

成立时间	交易所	所在地
2014年	贵阳大数据交易所	贵阳
	北京大数据交易所	北京
	香港大数据交易所	香港
	中关村数海大数据交易平台	北京
2015年	武汉东湖大数据交易中心	武汉
	长江大数据交易中心	武汉
	西咸新区大数据交易所	西安
	华东江苏大数据交易平台	盐城
	河北大数据交易中心	承德
2016年	上海数据交易中心	上海
	浙江大数据交易中心	桐乡
	哈尔滨数据交易中心	哈尔滨
	华中大数据交易平台	武汉
	钱塘大数据交易中心	杭州
2017年	河南中原大数据交易中心	郑州
	青岛大数据交易中心	青岛
	安徽大数据交易中心	淮南
2020年	北部湾大数据交易中心	南宁
2021年	北京国际大数据交易所	北京
	西部数据交易中心	重庆

2021年3月成立的北京国际大数据交易所率先采用隐私计算技术，很好地解决了数据隐私安全问题。隐私计算是一种可以不泄露数据本身，或者在不让渡数据所有权的条件下实现数据交易与使用，发挥数据价值的计算模型与方法。它的特点是“数据可用不可见”，既保护了数据隐私安全，又实现了数据的流通利用，将成为未来大数据交易的标配。

回顾历史，我们会发现没有哪一种要素的确权与定价可以“毕其功于一役”。大多数的产权交易规则即使不够成熟，也要“扔”到交易市场中不断磨合、完善，最后才能打磨出一套公认的规则，数据要素的市场化流通亦是如此。

第 9 章　算：智能产业第一生产力

第 1 节　真假“中台”危机

“中台”一直是一个极具争议的产业风口。近年来在经历了各种风波之后，它已经走到了必须“证明自己价值”的关键时刻。

如今，各种中台概念漫天飞，市场上出现了一批技术中台、安全中台、算法中台与数据中台等玄妙词汇，把一个集约化的概念做成了碎片化的产品。有的企业为了扩大市场规模，甚至直接把“平台”换成“中台”，摇身一变成了中台公司。

如何正确理解中台？各种中台之间究竟有何不同？企业和机构又该如何打造自己的中台能力？

太阳底下无新事

芬兰游戏公司超级细胞（Supercell）仅有不到200名员工，

却开发出了《部落冲突》《海岛奇兵》《荒野乱斗》等多部脍炙人口的游戏产品，创造了年利润20亿美元的骄人业绩。

超级细胞公司的成功源于其独有的中台模式。这是一套可以通用的游戏框架、算法和素材。它帮助各个产品线上的员工快速打造标准化游戏模块，并将节约下来的人力和资金用于创造性的设计环节。

通过这个案例我们可以看出，中台并不是一种新模式，它只是通过模块化技术提升工作效率的一种方式。我们可以总结出中台的三个重要特点：可以供组织内部重复使用的公共技术平台；可以输出标准化、模块化的产品；可以避免组织臃肿，提升运营效率，实现降本增效。

多数组织在发展壮大的过程中，都会出现业务线繁杂、组织架构冗余的问题。在传统IT时代，这会导致各个业务线变成独立的烟囱，业务拉通不了，数据也无法共享，人员过多，薪资成本也越来越高。

大部分组织都受困于“烟囱业务”分割化，也都有建设中台进而实现数字化转型升级的巨大需求。但它们都低估了建设中台的开销和难度，只看到BAT等互联网巨头在中台化改造后的巨大成功，却看不到这背后的决心与成本。

一分钱都不给，让你们滚出去——这是一家知名酒企在中台化改造受挫时，对技术供应商表达的强烈不满。毕竟，在酒企支付给技术供应商的高额费用里，仅人力费用就每天高达15万元。

高额投入未见预期效果，技术供应商也很无奈，实践过程中他们发现，在这家酒企里，中台化改造难度远超想象。一个细节是，酒企仓库的工人们抗拒数字化，只接受手写的纸质单据。因为他们每月都有一定比例的报损额度，报损后可以拿出去卖掉。但如果用数字化的方式扫描进ERP系统，他们就没办法操作了。

这样的案例充分反映了组织在中台化过程中所面临的典型困难。如果一把手没有做好调整组织架构的战略决心，也不想面对部门斗争、利益冲突与模式变革等巨大挑战，那么中台化改造也就无从谈起。

脱颖而出的“数据中台”

过去，市场将中台主要分为三类：数据中台、业务中台和技术中台。

但各个厂家对中台的理解不同，外延边界定义十分混乱，造成用户对中台的错误理解。比如，业务中台到底是支持用户操作的应用软件，还是提供开发人员调用的技术组件，没有厂家能够给出明确的回答。

种种应用场景莫衷一是，让传统的“中台分类学说”开始退潮，市场开始强调“数据中台”建设。

数据中台是一个企业数据、算力、技术和平台的综合体。这个综合体可以汇聚并处理多种数据，反映不同业务之间的联系；它既具有中心化的治理和分析能力，还可以满足灵活多变的业务需求。

这样的中台概念起源于互联网产品运营的特性，同时也能与互联网业务类似、由数据进行驱动的业务场景相匹配，如零售、金融、医疗和政府服务等。

仔细观察这些行业，我们可以看到它们都具有两个特点：一是服务对象是人（用户、顾客）、货（商品）、场（网页、

App）；二是它们并不要求数据的绝对准确，只要能够支撑业务决策或者提高用户体验即可。

但仅仅这样显然是不够的。企业在实际运营过程中，部分场景对数据质量的要求非常高，尤其是财务报表、预算把控和组织分析等方面，这就对数据中台提出了更高的要求，它需要根据企业的发展情况，提供与之对应的能力。

基于这种新局面，数据中台在未来应该具备三种层次的能力：

第一，技术能力和资源都充足时，提供数据产品与服务。在这种情况下，企业拥有专业的中台团队负责搭建和运维。数据产品能够提供标准化的功能，满足绝大部分用户的共性需求。而数据服务则针对特殊的大型用户，提供灵活多变的定制化服务。

第二，体系健全但技术能力和资源都不充足时，提供数据平台功能。在市场对用户感知趋于敏锐的当下，企业前端部门（销售、客服）的数据需求越来越大，后端（技术、研发）由于资源受限，无法做到及时满足。这个时候，数据中台就需要化身为平台，使前端部门可以进行简单的数据录入、分析和输出，而后端部门则可以通过数据中台了解前端需求，并选择性地优化相关产品，为后续研发做好准备。

第三，不具备中台建设能力，体系架构较为混乱时，提供算力平台服务。在这种情况下，数据中台就要担起服务器管家的职责，根据各个业务线情况，适度匹配算力资源，提供数据分析能力，支撑业务发展。避免因个别业务强势，而独占企业所有数据资源。

中台是必需的吗?

打造一个中台，对于企业和机构来说是必需的吗？当然不是。

以我们之前提到的数据中台为例，一个很重要的基础是数据融合，并用融合之后的价值数据去支撑企业和机构的业务发展。那么问题也随之而来，你的数据能不能融合，融合之后对企业有没有价值。

比如一家炼油厂对中台提出要求：当一个用户去加油站加油时，油厂可以通过中台知道用户具体加了多少油，加油站里还剩多少油，以便炼油厂改善生产和销售策略。这并不是什么复杂的场景，技术也很容易实现。但现实情况是，加油站属于国有企业，不对外提供加油站的库存数据。在这个场景里，第一步数据融合就已经被卡住了，后面的数据价值完全是天方夜谭。

需要明确的是，不是每个组织都适合做中台建设。对于规模大、业务重叠且需要重复建设的组织来说，中台的确是实现数字化转型升级的良药。而对于还处在初级发展期或者业务突破期的组织来说，中台的巨大投入和组织更替很可能是阻碍组织发展的毒药。

一旦决定进行中台建设，企业必须要有绝对的耐心和执行力，把中台当作战略层面的规划去考量。想清楚有多少利益桎梏需要打破，有多少人事任命需要调整，在关键时刻给予中台团队最大的支持。

最重要的部分是中台系统建设完成后的这个阶段。企业管理者要重视中台的运行效率和权限职能，既要发挥中台的重复使用功能，还要满足对业务部门的支撑能力，最终达成中台系统降本增效的目标。

第 2 节　智能计算：如何破解算力亏空

从古至今，计算都是促进人类社会发展的重要方式。智能时代下，计算更是促进国家经济发展的核心能力之一。作为支撑大数据智能化变革的计算，其本身又发生了怎样的变化？

算力也去中心化

知名咨询机构IDC发布的《数字世界数据曲线报告》显示，最近10年来，全球算力的增幅远低于数据总量的增幅。

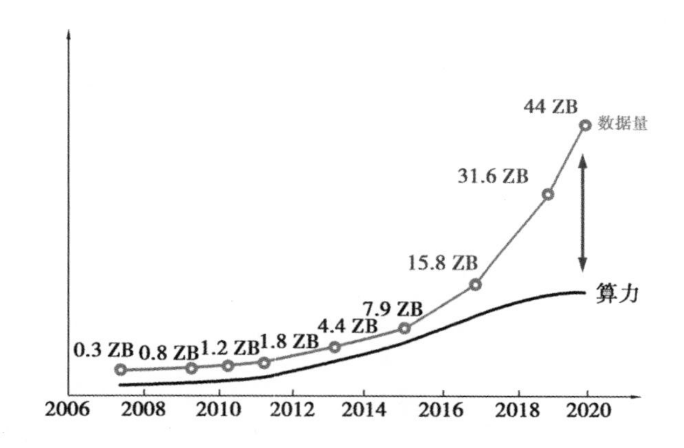

IDC数字世界数据曲线报告

1992年，全球每天仅产生100GB的数据。现在，一辆自动驾驶汽车每天就能产生64TB的数据，能够填满32块普通2TB的计算机硬盘。

今天面临的场景和需求更为复杂，从VR/AR到自动驾驶，从远程医疗到工业机器人，其背后所需要的算力支撑日益扩张，传统计算模式已经远远无法满足社会与经济发展的需要。

在算力亏空的大背景下，智能计算这一新型的计算体系被视为破局的根本之道。

传统计算多采用服务器集群的形式来提供中心化的算力匹配。而在万物互联时代，这样的方式既无法提供灵活的算力支持，还拉高了硬件采购成本。智能计算就是为了满足分布式计算能力和多元化算力需求而诞生的软硬件综合产业体系。

智能计算最明显的特征就是多样性，我们可以从以下四个方面去理解：

第一，计算架构的改变。在传统计算场景中，主要依靠核心计算机的CPU来完成计算任务。而智能计算则可以通过"异构"的方式，让多个不同的处理器分工完成计算任务。比如在一个深度学习的计算系统中，CPU只负责分配计算任务，GPU则专门负责图像的处理工作。通过这样的架构设计，系统运行的效率更高，资源占用也更少。

第二，技术融合的改变。量子计算与类脑计算等新一代计算技术不断涌现，极大拓展了计算产业的边界。例如，NPU（神经网络处理器，擅长图像处理）与TPU（张量处理器，擅长机器学习）等细分芯片在无人驾驶和智能摄像头领域的部署，让"CPU+X"成为边缘计算最经典的模型。

第三，领域协同的改变。数据产生的广泛性，推动着整个计算产业从中心化向分布式改变。例如，5G的高带宽和多设备接入的能力彻底打破了数据中心与边缘数据的联通障碍，使云游戏与云VR等"单屏幕"设备得以落地应用。

第四，行业渗透的改变。毫无疑问，计算行业不再隶属于IT本身，它已成为数字化的基础设施，为金融、工业与医疗等多领域提供转型升级的支撑。尤其是在制造业，以计算能力为基础的工业互联网，不仅提供了数字化基础设施平台，还创造出了个性化定制与网络化协同等新服务模式。

给摩尔定律松绑

对于摩尔定律的逐渐失效，我们通常认为其原因在于技术瓶颈，可实际上也包括经济局限。也就是说，为了获得更高的算力，消费者需要支付的成本呈几何式增长。与之矛盾的是，芯片性能的提升曲线正在变缓，算力提升越来越小。

以当前最热门的5纳米制程芯片为例，它的制造成本是238美元，加上后期的设计、封装和测试，总成本已经高达426美元。大幅上涨的芯片成本导致终端产品价格暴涨而无法被主流市场用户接受，这也正好解释了近年来手机等智能设备产品销量下滑的原因。

智能计算的出现，为破除硬件算力桎梏提供了一种新的思路。

此前，无论是CPU还是GPU，都属于通用类芯片。它们虽然能够胜任绝大多数算力场景，但是因为需要在内存和处理单元间不断地传输数据，所以效率低、功耗大。

智能计算为了解决这个问题，采用了通用芯片和专用芯片相结合的芯片架构。专用芯片的特点是没有指令集，也不用共享内存，只需输入数据，就可以立刻进行计算并输出结果。

比如在自动驾驶领域，车载计算机需要实时处理雷达和摄像头传输回来的图像数据，还要及时响应车主对车辆做出的控制指令。如果采用通用芯片，不仅部署成本极高，较大的功耗也会影响车辆的续航能力。加装FPGA（专用芯片）芯片的车载计算机可以接手图像函数处理任务，减轻CPU的负担，从而更好地完成指令控制和分配工作。

在数据中心领域，专用芯片的作用更加明显。2014年以前，微软的搜索引擎多采用CPU进行驱动，随着客户多样化需求的增加，微软的数据中心不堪重负，经常在高峰时段出现卡顿，每年的电费支出也高达上亿元。

为了摆脱这个窘境，微软收购了全球第二大FPGA芯片制造商阿尔特拉，并将FPGA芯片大量部署到自家的数据中心内。最终，无论数据吞吐量还是响应速度，都得到10倍级的提升，电费还下降了15%。

如今，英特尔、亚马逊和IBM等科技巨头都采用“通用芯片+专用芯片”的模式提高自身的计算能力，这样的组合方式也成了全球各大数据中心提升算力的主要手段，进而支撑全球智能产业的发展。

数字经济的发动机

谁拥有先进的计算技术，谁就能占据智能时代发展的主导权。

的确，计算技术可以为一个国家带来延伸性的经济增长，为金融、工业与医疗等多个领域带来显著效益。这些效益具体体现为生产效率的提升、商业模式的创新、产业总值的增加以及用户体验的优化等。曾经屈居于机房中的计算机，已经快速拓展到各个产业之中。

以电影行业为例。过去，顶尖水准的IMAX 3D电影需要50个小时才能渲染出一帧画面，而一部90分钟的电影，大约有13万帧。如此庞大的渲染任务，一个普通计算机工作站需要740年才能完成。皮克斯电影公司通过自建高性能计算中心的方式解决了这一问题，该中心拥有2.4万个计算核心和2000台高性能服务器，不仅将影片渲染的时间缩短到一周，而且将原来的1080P画质提升到4K水平，为广大影迷提供了优质的观影体验。

在医药研发方面，我们所熟知的“天河一号”超级计算机，为我国医药研发领域提供了重要支撑，主要体现在三个方面：一是新药筛选，即对数以百万计的化合物进行筛选，确定是否可与疾病蛋白结合；二是毒性筛查，即测试药物是否会与人类蛋白结合形成毒性，避免临床试验阶段出现问题；三是药物重开发，即尝试将现有药物匹配到不同的疾病蛋白，缩短研发周期。

不仅如此，“天河一号”还服务过石油资源开发与装备制造等行业的科研计算任务，累计参与国家科技重大专项和研发计划等1500余项，已经成为不可替代的“国家计算利器”。

欧洲咨询机构罗兰贝格曾做过一项统计，将一个国家的智能化发达程度换算为“人均算力水平”，人均算力越高的国家，其智能化发达程度也就越高。欧美等发达国家的算力普遍接近1000GFLOPS（每秒10亿的浮点运算次数），属于高算力国家。而菲律宾与印度等发展中国家，人均算力则普遍低于460GFLOPS。

由于人口基数庞大，我国目前仍属于“中等算力”国家，人均算力为550GFLOPS。但我们很早便意识到了计算产业对于国家经济建设的战略性意义。在“新基建”的大背景下，我国不断加快计算领域的投入与创新，势必在未来5~10年实现智能计算的大幅飞跃。

第 3 节　逼近人脑：从深度学习到类脑智能

数据、算力与算法是智能时代的三大基石。

从大数据与云计算到人工智能，本质上是数据、算力和算法的迭代升级。大数据让海量数据处理成为可能，云计算让海量的计算资源重新分配。这两者的共同作用释放了算法的潜力，让人工智能成为可能。

这些年来，算法的应用场景不断扩大。新一代信息技术渗透到哪个领域，算法也就应用到哪个领域。如果说过去的我们只是重视算法给予的建议，那么未来我们很可能需要接受算法的指令。

此“算法”非彼“算法”

常规意义上，我们所理解的算法源于数学概念，即某个解决问题的计算方法。

但对于计算机而言，算法是用计算机解决问题的方法与步骤。在互联网时代里，算法最为成功的应用就是个性化推荐。系统围绕文本内容、停留时间、点赞评论、个性画像和使用环境为用户提供他们感兴趣的内容。

随着技术发展和市场需求的不断演变，传统的算法已经难以支撑复杂的应用场景。就以我们最熟悉的人脸识别来说，由于脸部的要素非常多，且不具备任何标准性，让传统算法识别人脸是不现实的。这就催生了新的解决方案——人工智能算法。

两者有什么区别呢？传统算法靠输入数据和规则产生一个结果。人工智能算法则是靠输入数据和结果产生一个规则。

还是以人脸识别为例。例如，你的眉毛长3.5厘米，嘴巴宽4.2厘米，左眼下方有一颗痣，通过多次将这些数据输入系统，算法逐渐输出一种规则：只有满足这些脸部细节特征，你才是“你”。

类似的场景还有很多，比如医学影像分析领域，大量输入病患CT影片，让系统分辨病灶；在自动驾驶领域，大量输入行人和车辆模型，实现汽车对行人的躲避。在这些场景中，人工智能算法的判断能力已经接近甚至超越人的水平。

不仅如此，人工智能算法还能适应环境快速变化的场景。

当应用场景环境快速变化的时候，传统算法需要重新进行建模、仿真和调节参数等多个过程。一旦需要人员参与算法设计，开发周期少则几天，多则好几个月。尤其是当环境变化速度小于1天，甚至几个小时、几分钟就会变化一次时，传统算法便不再奏效。

天气预测就是一个非常典型的应用。每年的夏季台风都会对我国东南沿海城市造成上亿元的经济损失，如何快速识别并预警这些灾害天气离不开人工智能算法的帮助。

传统预测方法要经历监测、数据入库、分析、整理和输出结果多个步骤，计算的速度往往赶不上台风前进的速度。但对于人工智能算法而言，就是反复输入气象图片的过程，让系统在初期就能预测台风形成的可能性以及它的路径走向。

破局者：类脑智能

人工智能概念问世以来，经历了三次里程碑式发展。

第一次为符合主义，即采用人类公理和计算机逻辑体系，搭建一套符合人类认知的人工智能系统。第二次为连接主义，主张仿照人类的神经元，用神经网络的机制连接人工智能。第三次是我们目前正在经历的行为主义，希望人工智能像人类一样感知和行动。

图灵奖获得者杰弗里·辛顿引领的深度学习算法一直是人工智能的核心发展方向。他通过重复且大量的信息输入对机器进行训练，使其能够拥有像人类一样的学习能力。

不过这并不是人脑的学习逻辑。毕竟，人类并不需要看一万张猫的图片才能辨别猫。

换句话说，想要通过深度学习算法实现强人工智能，不具有太大的可行性。中国科学院院士张钹也提出了类似的观点，在他看来，由于深度学习特殊的“黑箱”训练模式，机器只能对重复出现的信息具备感知能力，且容易受到攻击和欺骗。

那么，人脑智能是如何实现的呢？

加拿大心理学家唐纳德·赫布（Donald Olding Hebb）提出了“赫布细胞集群假说”：人脑的神经细胞群中存储着一段记忆时，只要再次给出部分记忆刺激，所有的神经细胞就会被激活，从而实现识别和再记忆。

脑科学为人工智能打开了一扇崭新的大门。业界开启了以“类脑智能”为研究对象的新方向。

实现类脑智能的前提是实现类脑计算。传统的计算机多采用冯·诺依曼架构，计算与存储分离，结构比较简单，容易实现高速的数值计算。而人脑恰恰相反，不擅长高速的数值计算，但可以在极低功耗和极复杂的情况下，实现记忆、识别和自主学习等认知处理能力。这一切的基础正是脑神经网络的多层次复杂空间结构和脑神经的高度可塑性。

根据人脑的这个特点，科学家们提出了“非冯·诺依曼”架构的类脑计算。它把存储计算合为一体，将信息放在多层次、高可塑性的复杂网络空间中进行处理，使其拥有和人脑一样的低功耗、高并行和自适应等特点。

除了解决计算架构问题，如何模拟人脑工作也是另一个需要突破的难点。

人脑包含约860亿个神经元，每一个神经元都与其他神经元相连，从而构成了人脑的神经网络。科学家们从人脑结构中吸取灵感，设计出了计算机的类神经网络。与人脑一样，类神经网络也由相互连接的神经元组成，当一个神经元接收到输入时，它就会激活并将信息发送给其他神经元。

基于这个原理，谷歌X实验室开发出具备自我学习功能的“谷歌虚拟大脑”。它由1000台计算机、1.6万个处理器以及10亿个内部节点构成。如今，这个跨时代的人工智能产物已经可以进行自然语言学习、智能机器人手眼协调控制、视网膜病变筛查以及自主的音乐和图画创作等“高难度”人脑行为。

目前，脑科学领域的研究还在继续深入。人工智能与脑科学的有机结合，将会进一步加快我们迈向真正的智能时代。

突破算法瓶颈

人工智能是一个将数学、算法科学和工程实践紧密结合的综合领域。

过去我们一直将算力作为主要的攻克目标，试图创造一个计算能力超强的算力综合体。但如果我们仔细研究会发现，限制人工智能发展的并不是算力或者数据，而是以数据、概率学和统计学构建起来的算法科学。

在算法方面，人工智能有两个问题急需突破：

第一个是稳定性（也称鲁棒性）问题。以最常见的自动驾驶为例，通过激光雷达的加持，自动驾驶汽车已经能够识别行人和车辆，完成基础的驾驶操作。可一旦系统中的变量改变，比如显示不完全的红绿灯或者外形模糊的行驶导向线，车辆就会“不知所措”甚至导致事故。

第二个是可解释性问题。人类理性经验告诉我们：一个行为或者决策如果能够被解释，那么我们可以容易地了解决策行为背后的原因，并充分评估它的风险，知道在哪些场景下可以给予信赖。

2015年，德国大众汽车制造厂发生了一起机械臂误将工人识别为零件的致死案件。欧盟随后要求大众作出解释，说清楚机械臂算法如何错把人类当作零件而引发悲剧。遗憾的是，大众至今也没有完全说明原因。

问题虽然严峻，但人工智能也并非一筹莫展。

在稳定性方面，有业内专家提出了多算法模型相结合的解决方案。例如，通过贝叶斯算法加强数据因果关系分析；通过数据生成模型技术，减少标注数据所花费的人力和时间；通过自动机器学习技术，提高搜索和挖掘能力等。

而在算法可解释性方面，则可以将技术融入软件的环境中。一方面，为现有算法提供可解释技术的接口，如可视化、特征关联和局部数据分析等；另一方面，将人与人工智能系统相结合，打造以人为中心，以人工智能为周边的辅助系统框架。

无论人工智能如何发展，它都必须是对人类可控且有益的。算法作为人工智能的关键组成部分，必须将利他、谦卑和安全的三大原则牢牢刻印其中。

第 4 节　走出算法权力的囚徒困境

技术发展“破圈”的标志，取决于它是否被用于社会和国家的治理。

随着大数据智能化技术的不断突破，算法被越来越多的政府和企业所接纳，用于管理或决策日常事务。一直以来，这个诞生于计算机体系的词，往往被业内描述为具备公平与客观的优良“品质”。

实际情况却并非如此。在某些场景中，算法所体现出来的傲慢与偏见，绝对不比人类少。这个看似完美的工具并不总是向善的。

面对这个看不见的“裁决者”，我们能够做些什么呢？

警惕那个“外乡人”

环顾全球，不少国家和地区的政府，会基于提高工作服务效率的考量，在一定程度上引进相关算法。

以面向大众的公共部门为例，面对治理压力不断增长以及治理资源相对不足的情况，算法可以有效缓解两者间的矛盾。像数据收集、流程设置和方案选择等，都可以交给算法来完成。

但问题也随之而来，算法及算法技术拥有者有可能将其自身想法散播到公共治理的每一个方面，潜移默化地影响甚至支配政府的日常行为与决策。社交媒体采用不当算法进行内容推送而影响美国大选结果就是一个有力的证明。

通常意义上，算法影响社会治理大致有三个步骤：

首先，是算法的植入。由于算法在传统公共决策场景中具有无法比拟的优势，政府往往会通过购买的方式，让算法技术公司为他们提供交通、税收、公共安全和医疗等领域的算法方案。然而，企业作为算法技术的拥有者，有可能会在项目中有目的性地留下风险端口，为下一次交易创造机会。

其次，是被算法所俘获。在经历完算法植入之后，整个过程并没有因此而结束。不同于其他政府采购行为，算法及其技术的使用具有很高的排他性。换句话说，重新寻求算法服务供应商，会让政府付出高昂的交易成本。由此一来，双方合作有可能进入到“植入算法—政府采购—再植入算法—政府再采购”的死循环中。

最终，是被算法所主导。当政府对所购买的算法服务形成一定依赖，算法便可以在一定程度上对政府治理拥有隐藏的支配能力。这并非危言耸听，在以营利为目标的导向下，算法企业更加倾向于编写那些能使自己利润最大化的代码影响政府决策，从而实现自己的“算法权力”。不仅如此，建立于算法之上的公共服务体系，其成效完全取决于算法给予支持的程度，进而失去了主动权。

依靠植入、俘获和主导，算法及算法企业这个“外乡人”，有可能实现从商业参与者到隐藏主宰者的转变。我们需要提高警惕的是，在技术这层“迷彩服”的保护之下，算法的主宰过程极具隐蔽性，无论是政府还是民众都将在不知不觉中陷入被动。

隐匿的偏见

如果说算法为各国政府带来的是主导性困扰，那么它在民众间所造成的则是隐藏性偏见。

所谓的算法偏见，是指算法工程师即便主观上没有种族主义、性别和年龄歧视等倾向，但是算法程序还是会呈现出歧视性的结果。

2020年6月，图灵奖获得者、法国知名人工智能专家杨立昆（Yann LeCun）因为自己所开发的脉搏（PLUSE）算法，误将有色人种的马赛克图片识别为白人而在社交媒体上饱受争议。他随后解释道，算法所用的数据库多由白人图片构成，所以才出现了严重的失误，自己并没有主观意愿上的种族歧视。

需要说明的是，算法从未独立创造偏见，所谓的歧视和偏见源于算法编写中的两个重要问题。

一方面，是训练数据的包容性。麻省理工学院科学家乔伊·布拉姆维尼曾在2019年3月偶然间发现，IBM、微软和旷视三家企业的人脸识别工具都存在不同程度的有色人种歧视。这主要体现在，对于女性和有色人种的识别率明显低于男性和白色人种。然而，从三家企业的解释来看，主要原因还是人脸识别技术对不同脸部数据的包容性不足，用于训练的人脸数据中，有色人种仅占20%不到。

另一方面，是预测结果的随机性。从2019年起，全球顶级投行和会计师事务所都逐步采用人工智能工具进行面试，HireVue是其中很受欢迎的一种。在HireVue中，面试过程会受到系统的全程监测，它会从语速、表情和动作等多个方面给出分析结果。但遗憾的是，HireVue最初的应用效果并不好，因为它经常分不清面试者的"皱眉"表情到底是思考还是愤怒。人类可以从对方的动作、表情和体态等多个维度上判断对方的情绪，但算法显然还做不到。

在中国，算法偏见的表现形式有所不同，它通常因为用户而产生。

大数据杀熟是中国人最为"熟悉"的算法偏见。尽管国家已经明令禁止企业通过这种方式区别化对待消费者，但它在实际应用过程中，由用户数据产生的偏差还是会导致算法偏见。

比如同样是在阿里巴巴总部附近打车，定位阿里巴巴就会比定位旁边的公交站贵上几块钱。这并不是什么复杂的问题，只需算法工程师削弱位置标签的权重，就可以消除算法的偏见。但实际情况是，阿里巴巴的员工可能允许报销加班打车费或者他们薪水远高于普通人，并不在乎多出来的几块钱，只是算法将这种偏差放大了。

未来很长一段时间，偏见问题仍将制约着算法的应用与发展。对于民众来说，只有算法公开透明，才有可能打破这个偏见的“黑盒”。

寻找治本之策

算法所呈现出来的问题，更像是现实世界的投影。

现实世界的可见性让种种问题更容易被觉察和限制。而算法特有的隐匿性却让反垄断和反偏见的工作难以开展。虽然困难重重，但在现有体系下，我们依旧可以从政策和技术等多个维度进行尝试。

方法一：打造公正数据库

算法偏见的根源很大程度上源于培植它的土壤——数据库。当用于训练的数据库无法客观代表现实情况，那么算法所呈现的结果往往带有一定的偏见，算法工程师所要做的便是调整数据库的均衡性。

通过修正数据的比例，我们可以充分降低算法结果的偏差。而将“大数据”和“小数据”相结合，则可以在保证数量的基础上加入更多精细化的个体数据。让大数据负责相关性推导，小数据负责因果性推导。目前，构建公正数据库是算法领域的重要优化方向之一，我们也期待在这个领域有所突破。

方法二：提升算法透明度

很多时候，人类并不清楚计算机是通过怎样的流程才输出了特定的结果，这也是我们经常所说的算法“黑箱”。当前，业内解决黑箱问题的主要方法是要求企业提高算法的透明度，以便政府和社会能够找出隐藏的原因。

2018年8月，英国更新《数据伦理框架》文件，要求算法必须具备公开、透明和可解释性；美国西雅图市则选择按时公开人脸识别监视技术的列表和算法，以供社会和民众监督。遗憾的是，算法的公开透明与企业的利益产生了强烈的冲突，而公开过多的算法细节还会导致系统遭到不怀好意的攻击。如何让算法透明、企业利益和系统安全达到动态的平衡，是算法领域需要重点解决的问题。

方法三：让技术监督技术

发现自身的错误总是困难的。当各种问题被隐藏在代码之中，就需要使用技术的手段来预警技术的问题。

哥伦比亚大学的科学家们曾经开发出了一个名为“深度探索”（DeepXplore）的测试软件，它可以通过欺骗的方式诱导系统犯错，以此暴露算法的缺陷。“深度探索”会将几种算法同时进行测试，一旦有一种算法给出了不同的结果，这个场景就会被判定为有漏洞，要求工程师重新对算法进行检测。

用技术监督技术是算法界比较推崇的一种方法，该方法具有很强的可操作性。毕竟，作为算法工程师，大多擅长采用技术解决技术问题。但从目前来看，技术仅能起到初步监督的作用，尚不能实现改正的功能，未来还有很长一段路要走。

这些方法虽然能够在一定程度上解决算法所面临的困境，但我们需要知道的是，技术作为一种人类操作的工具，其所作所为投射出的是人类自身的善与恶。相比算法，我们更需要审视的可能是自己。

第 10 章　用：从产业数字化到数字化治理

第 1 节　智慧农业：人与自然的科技契合

英国演化经济学家卡萝塔·佩蕾丝曾说，每一次大的技术革命，都形成了与其相适应的“技术过渡到经济”的范式。

如何理解呢？通常来看，这种“技术过渡到经济”的过程会经历两个阶段，首先是新兴产业的兴起带动新型基础设施的普及，然后是技术在各行各业的应用蓬勃发展，而每一个阶段都需要超过20年的时间。

这样看来，目前智慧农业还处于第一阶段，物联网、大数据、云计算和智能终端作为新型基础设施的普及才刚刚开始。不过，随着农业电子商务、食品溯源防伪、农业休闲旅游和农业信息服务等新业态的不断加码，智慧农业走进第二阶段也只是时间问题。

替代人力，更是替代人脑

2016年9月，300多名农业从业者聚集在爱尔兰的科克市，发布了让“农村生活更美好”的《科克宣言2.0》。《科克宣言2.0》要求政策关注如何克服农村和城市之间的数字鸿沟，以及开发农村地区数字化所带来的潜力。

关注农村其实就是关注农业。近百年来，农业在生产方式、产业结构和流通消费上发生了三次变化：机械化、化学肥料和生物基因技术。随着物联网、大数据、云计算和人工智能的不断发展，数字化和智能化所带来的智慧农业将成为农业的第四次革命。

面对智慧农业，在硬件设备上如何解放人力、畜力和传统农机的“双手”，从而提升产量和效率呢？

智能农机就是一把利器。借助5G、北斗卫星定位、物联网和自动驾驶等技术，智能农机可以实现厘米级高精度地理位置定位以及高清视频采集、存储与实时传输，通过连接作业规划与管理云平台实现精细化自动作业。

2019年，中科院研发的“超级拖拉机1号”，在万亩基地上实现了无人驾驶测试，利用卫星导航的智能网联技术，只需要3～4人就可以指挥20台智能拖拉机，完成耕地、播种、浇水和打药等作业。

除了地面设备的智能化应用之外，天空设备也成为“替代人力”的关键手段。

比如极飞科技的植保无人机，就可以通过自主研发的高速气流播撒技术，高效地将种子和化肥等1～10毫米的固体颗粒均匀喷射至准确位置，解决了传统飞播用量不准、播撒不均和伤害胚芽的问题。一架无人机每小时可以完成80多亩的水稻播种作业，是人工播撒效率的50倍以上。

当然，硬件设备的堆砌并非最佳解决方案。对于农业的全生命周期数字化和智能化管理，“替代人脑”的解决方案显然附加值更高。目前，大田或大棚精准种植、畜牧水产养殖是智慧农业应用最深的两个场景。

比如，大田精准种植的水肥智能决策系统，通过各种物联网传感器和智能气象站提供输入大田农作物的最优水肥比例，解决了传统种植过程中水肥灌溉量不精准、资源浪费、作业强度大以及过量施肥带来土壤污染等痛点。

畜牧水产养殖是智慧农业的另一大应用场景，其中最典型的就是生猪、奶牛和鸡场的智慧化养殖。

新希望集团有限公司是国内领先的农牧产品企业，其与中国移动共同开发的“5G智慧养猪平台”，便是通过在养殖场的边端部署，建立智能“猪脸识别”系统，监测每头猪的身份、运动轨迹、发情期和健康状况，再通过大数据分析对生猪进行科学饲养和全面严格的管理，确保每一头生猪的品质。

技术的背后是什么

在被广泛采用之前，创新技术总是需要可靠的商业价值来证明，智慧农业同样如此。

目前，智慧农业已经在智能化温室、植保无人机、水肥一体化沙土栽培系统、工厂化育苗、LED生态种植柜、智能配肥机、智能孵化机和智能养殖场等场景上得到发展。但是，这些应用多是部分地区的示范工程，离真正的“全域智慧农业”目标还有很远。

抽丝剥茧，智慧农业发展缓慢的原因不是硬件和软件技术，而是技术背后所面对的问题。比如，在数据使用上遭遇的困局。

对于农业生产经营而言，智慧农业是用精准、理性、客观的科学决策来代替相对模糊、感性的经验决策的农业形态。另外，在智慧农业系统中，互联网、传感器与遥感卫星等多元工具参与数据获取，原始数据还会被融合、加工形成新的数据，因此数据所有权难以界定。

除了数据本身的问题之外，在数据挖掘和多源数据融合方面也存在问题。

一方面，农业数据包含大量的文本、图像与视频等非结构化数据，由于非结构化数据量快速增长，已经超越了当前普遍采用的联机分析处理技术范式，所以需要辅以复杂的深度分析模型。

另一方面，农业系统包含的数据很复杂，比如生产经营活动的数据、土壤成分、温度湿度和气候变化等数据，以及农作物和经济作物生长、发育、采摘和加工等数据。这些数据来源广泛、结构多样、区域跨度大，给多源农业数据的深度融合带来了挑战。

如果说数据是智慧农业的基石，那么安全就是智慧农业的护城河。特别是智慧农业的物联网系统，其数据安全是最让人头疼的事情，比如不小心植入了错误的土壤湿度数据，可能会引发过度灌溉而导致粮食减产，或者恶意分子针对网络与设备进行攻击，植入恶意程序来消耗网络资源，造成整个智能应用链条瘫痪。

数据和安全会随着产业的发展变得成熟规范，对于农业经营者来说，只有跳出“为了智慧农业而做智慧农业”的思维怪圈，才能依靠技术实现新的商业价值。

在未来，智慧农业的发展必须走两条路：

一是成为解决方案供应商，他们多是互联网和科技企业，凭借技术优势由点及面推动综合解决方案，比如北京科百科技有限公司将热带果树移植到山东莱芜，让当地农业生产实现颠覆性突破。

二是探索“智慧农业+产业”模式，以传统农业企业为代表，他们拥有产业链优势和种植经验，通过自上而下改造产业链的智能化应用，比如来自克拉玛依市的森禾智慧农业科技有限公司，以玉米种植切入智慧农业，正在将技术延伸至整个产业，成为玉米产业的变革者和参与者。

土地的问题就是人的问题

如果把视角放得更远，智慧农业的商业价值体现得更加地域化，已经出现了三种典型模式。

一是美国模式，美国通过大型农用机械和直升机耕作管理，很多农场都实现了精准施肥、精准施药和精准灌溉；二是日本模式，作为农业经营网络化的代表，日本通过搭建市场销售信息服务系统，建立了个性化“网上农场”，使农户对国内或国际市场了如指掌，可以根据自己的实际能力调整生产品种和产量；三是以色列模式，作为农业管理数字化的代表，以色列以信息化手段对田块施肥量进行数字化管理，并且通过高科技生物基因技术在沙漠中进行种植试验。

与这三种模式不同，中国的农业地域分布和土地属性更加复杂，农地细碎化程度高。根据第三次农业普查数据，中国总耕地面积为18亿亩，小农户经营耕地面积占总耕地面积的70%，这些分散的土地资源很难集中连片。再加上目前中国农业多是以家庭为单位的生产经营方式，即便大型合作社或农场，也是“自发”模式独立发展。

面对这些问题，中国如何借助发达国家的经验走出一条“中国版智慧农业”之路呢?

同样作为小型家庭农业的代表，荷兰自第二次世界大战之后，政府便开始推行农业保护政策，通过大额农业补贴推动智慧农业设施和知识创新，调整产业结构，发展花卉、蔬菜种植和畜牧业，打造智慧农业与生态旅游的有机结合，形成各地区农旅特色化“小气候”。

这种“向少量的土地要效益”的模式，值得中国智慧农业借鉴。但是更深层次的问题是，农业增产和农民增收是两个不同的维度，如何平衡两者的利益才是关键。

首先，政府、企业、农场工人和个体农户都存在不同的利益诉求，我们需要思考的是如何通过利益分配机制让弱势群体获得合理价值，而不是利用新兴技术“剥夺”他们的剩余价值。

同时，智慧农业的普及可能导致低技能农民被边缘化，出于机会公平考量，政府应制定相关政策，将智慧农业取得的部分价值对低技能农民进行补偿。例如，提供智慧农业职业技能培训，使其有机会得到高技能能力，参与并融入“智慧经济”。

总体来说，智慧农业是人与自然通过科技手段实现更完美的契合。我们借助新兴技术的目的，一定希望产业欣欣向荣、从业者和消费者安居乐业。

第 2 节　智能制造：华丽外衣下的“核”

什么是智能制造?

工厂数智化、生产线柔性化、大规模协同制造、采购与流通双向协同，对于智能制造的解读，或许我们都太过片面。回归本质，智能制造追求的不是高大上，而是最合适的解决方案，是那件华丽外衣下的“核”。

一种新的“人机”关系

回顾人与机器的历史，其实每一次工业革命都在改变“人机”之间的关系。

在“大机器”生产时代的第一、二次工业革命，人像机器一样陪伴着机器工作，沦为“机器的奴隶”。到了第三次工业革命，计算机让数字化装置进入机器之中，机器逐渐具备了智能系统，开始像人一样陪伴人工作。

在5G与物联网的加持下，人与机器在物理空间的距离逐渐增大，在数字空间的距离却不断缩小。智能制造时代，“人机”关系将再次解构和重塑。

我们以焊接为例。众所周知，焊接是生产制造不可或缺的一道工序，大到舰船和飞机的组装，小到电路板的制造，都需要焊接的深度参与。

在汽车制造环节中，焊接时飞溅的火花掉到车身上会形成细小的金属炭渣，喷完漆后就会有颗粒，严重影响美观。由于人眼难以捕捉焊接飞溅，过去的办法是提前在车上涂一层胶，焊接后再把胶砂磨掉再喷漆，既费工又费料。

那么，人做不到的事情，智能化有没有解决办法呢?

由中国科学院西安光学精密机械研究所孵化，重庆市重点培育的高科技企业摇橹船科技，将“嫦娥号”探月工程项目的光学感知技术应用到了汽车制造过程中的焊接环节。

摇橹船科技与长安汽车合作，打造“5G智能焊接大数据平台”。通过机器视觉技术，快速感知焊点的飞溅情况，再利用大数据系统及时分析焊点飞溅原因，进而优化改进焊接条件，极大程度上实现了产品的提质增效。

机器视觉超越了人工视觉，焊接飞溅的问题便迎刃而解。所以，我们不能笼统地将机器换成人，而是必须弄明白，用什么样的“机”换什么样的“人”，可以解决什么样的问题。

如果是把手工操作换成专用设备，不过是机器部分替代人体，这只是机械化的延续；如果是用机器人来替代生产线工人，这只是车间自动化的改造；如果是让“人智”进入机器而变成“机智”，进而让“机智”超越“人智”，这才是智能制造的目标。

角逐工业软件

作为智能制造的知识载体和神经系统，工业软件是支撑工业大数据、工业互联网和智能制造这些华丽外衣的“核”。如今，这个“核”正在经历两股力量的较量。

这两股力量就是“大而全”的通用型工业软件，以及追求“小而精”的定制型工业软件。而较量的原因就是近年来工业软件“卡脖子”的问题。

2020年5月，哈尔滨工业大学和哈尔滨工程大学的学生发现，学校购买的正版数据工业软件MATLAB（矩阵工厂）无法正常授权使用，严重影响了学校的正常科研教学。

不难发现，断供的工业软件主要是集成电路设计软件和面向离散制造业的软件，前者以EDA（电子设计自动化）为主，几乎被美国厂商把持，后者以CAD（计算机辅助设计）为主，也被美、德、法三国掌控。2018年工信数据显示，国内CAD市场，达索与西门子等海外巨头市场占有率超过90%，中望软件、浩辰软件和数码大方等国产CAD市场占有率不足10%。

我们不禁要问，国产工业软件真的那么差吗？

其实不然，这种现象是由两个原因造成的：一是市场从源头上被捆绑。国外厂商通过捐赠和赞助，让大学科研教育工作捆绑国外公司软件，导致从一开始就培养出了国外软件的使用习惯；二是工业知识经验数据化积累不足。工业软件是经验与时间的结晶，国外厂商经过多年对工业知识和数据的理解，早已搭建起图谱化、标准化、科学化的软件构架，更能指导实际工业场景的应用，因此被广泛接受。

工业软件体现的是智能制造的核心“软实力”，中国也越来越重视工业软件国产化的发展。2020年8月，国务院印发了《新时期促进集成电路产业和软件产业高质量发展的若干政策》，制定八项政策措施来优化国内软件产业发展。

作为全球唯一拥有全部工业门类的国家，中国工业软件的市场规模够大，国产软件并非没有胜算。一方面，通用型工业软件的大路已经太过拥挤，而定制化、模块化、细分化的市场竞争较小；另一方面，传统工业软件在向云化、数字化和智能化转变，催生出人工智能、工业互联网平台和工业App等新业态，传统工业软件因此面临整体架构体系的重建，为国产工业软件提供了赶超机会。

树根互联是三一重工孵化的工业互联网平台，通过自研企业全生命周期管理的系列软件以及根云平台的SaaS（软件即服务）模式，连接众多国产工业软件厂商。同时，树根互联还和行业性龙头企业打造专属的工业应用软件，比如与卫华重工合作打造了起重云，与杰克缝纫机共同打造纺织云，与聚发节能共同打造锅炉云，实现“小而精”的定制型工业软件生态。

凭借在实施服务、国内企业需求理解、服务响应速度和产品价格等方面的优势，国产工业软件逐渐展现出良好的发展态势，与国外工业软件的“鸿沟”并非不能跨越。

工业也需要孪生空间

作为最能产生巨大经济效益的产业，工业信息化需求铢积寸累，一种更高级的应用出现在智能制造领域，那就是数字孪生。

事实上，早期的数字孪生被理解为“信息镜像模型”，随着云技术、边缘计算、增强UI和3D建模等相关技术的融入，数字孪生正在扮演一个创新技术整体协同的角色。

用“数字人”的概念来理解数字孪生，或许更为形象——

建模相当于骨架的搭建，传感器相当于生成人的感官系统，数据在虚实世界之间的双向流动就像人体的血液。因此，数字孪生具备映射物理世界的能力和智慧。

对于工业制造而言，这种能力和智慧如何体现呢？

首先，数字孪生可以对工业产品的结构、材料和制造工艺等方面进行改进，提升工业产品全生命周期内的效益。

比如，美国通用公司的工业云平台Predix，在对飞机发动机产品的全生命周期维护中，可以根据使用历史、维修物料清单和更换备件的记录，结合数字孪生模型的仿真结果，判断零件的健康状态，从而提前维护和更换零件。

其次，以工厂实体为对象的数字孪生，能大幅提升工厂整体的智能化经营水平。

比如，工业企业信息化建设常用的ERP系统（企业资源计划系统）和MES系统（制造企业生产过程执行管理系统），在许多工厂内通常是分开运营的，很容易造成信息孤岛现象。如果利用数字孪生模型，对两个系统提供流线型的数据交换模式，就可以知道具体哪个环节出了问题，达到及时管理的目的。

值得注意的是，在面对系统负荷重、运算量大以及孪生体必须跟随企业经营变化而变化的情况，数字孪生如何应对呢？

创新型企业傲林科技发明了“事件网络”技术，通过有向图来反映工业企业复杂的业务关系，图上的点代表网络中不同层次的组件，点与点之间的连线表示组件间的业务流动、数据流动、资金流动或实体流动。因此，事件网络就像企业的知识图谱，既能描述系统组成结构，也能描述事件的因果关系，只要通过点与连线的扩展，而不是每一个项目搭建一个数字孪生应用，就能解决面临的复杂问题。

以钢铁行业为例，作为生产工序内部高度相关的行业，传统的生产方式却十分粗犷，主要呈现为孤岛式、局部式、单点式控制，内部生产的数据获取也相当困难。运用事件网络技术，可以将钢铁生产的各种属性映射到虚拟空间，形成可拆解、可修改、可重复操作的数字镜像，通过模型计算进行优化和扩展，进而反馈到物理生产线中，实现全流程一体化控制。

数字孪生实现了现实物理系统向数字化模型的反馈，可以真正在全生命周期范围内保证数字与物理世界的协调一致，各种基于数字化模型的应用，都能确保它与现实物理系统的适用性。这就是数字孪生对智能制造的意义。

第3节　从消费到产业：反互联网大变革

随着流量和资本的红利退潮，产业互联网将取代消费互联网成为互联网下半场的主角，已经是一个不争的事实。

早在2000年，美国知名咨询机构弗若斯特沙利文就提出过“产业互联网”这一概念。但那时消费互联网风头正劲，市场根本无暇关注产业层面的升级和改造。

2012年，美国通用公司重提“产业互联网”。我们现在熟知的“工业互联网”与“工业4.0”等概念，就是在这一年进入中国的。在这之后，凭借上半场笼络的资源和流量，互联网巨头们快速杀入产业链各个环节，这才有了今天的产业互联网生态。

换句话说，流量红利的枯竭驱使消费互联网向产业互联网转移，也让互联网经济真正回归价值经济的本质。产业互联网跟消费互联网相比，无论是内在逻辑与驱动技术，还是运营思路与商业模式，都发生了根本性的改变，这值得我们花费时间和精力去认真研究。

拼图的另一半

如何用一句话厘清两种互联网的区别？

对于消费互联网，线上系统是线下系统的镜像；而对于产业互联网，线下系统是线上系统的镜像。如何理解呢？

以淘宝为例，商家先在线上建立店铺，上传各种商品数据，并提供售前、支付、交付和售后等全套服务。随后，C端客户则根据自己的需求进行搜索和购买，平台完成交易撮合。从整个服务流程来看，商家根据线下实体的要素和系统，建立了一个线上的“系统镜像”，并通过这个镜像和顾客产生联系。

那么，产业互联网是什么逻辑呢？

网约车平台就是一个典型的例子，它属于交通服务业的产业互联网。网约车平台首先在线上建立车辆和乘客的位置镜像，并打造了一个以“就近原则”为基础的派车平台。紧接着，网约车平台将线下车辆的实时数据和乘客用车需求导入系统中进行匹配，给出最优路线解决方案。最后，司机根据平台系统确认的路线，完成整个服务过程。

这个过程的核心在于，线上系统将线下要素重新再分配，并给出“最优解”，从而指导线下要素完成整个服务流程。

对比这两个例子，产业互联网最大的价值在于对社会资源的再配置，从而在相同资源条件下产生更大的增量价值。

消费互联网与产业互联网的关系就像一幅互补的拼图。

消费互联网时代，我们通过建设平台与营销运营的方式，改变了大众的生活与消费方式。产业互联网则是消费互联网的补充和完善，它关注的是消费互联网时代被忽略的，甚至来不及做的工作，从而让社会资源配置更加高效。我们现在看到的智能制造、科技金融与新零售等产业互联网的概念，皆来源于此。

产业才是主角

到目前为止，国内产业互联网已经火了十年，越来越多的企业加入其中。但概念火热并不能与行业发展画上等号，国内真正意义上的产业互联网时代还没有到来。

产业互联网是一个双向赋能的过程：互联网为传统产业提供高效的互联网化解决方案，传统产业的多样化需求倒逼互联网技术的不断升级。但国内的产业互联网则更像是互联网企业的独角戏，不断向传统企业吆喝自己的技术优势，却没有深入研究客户场景需求。

在这个方面，欧美国家的发展路径非常值得我们学习。

2000年9月，以波音、洛克希德·马丁、雷神、BAE及劳斯莱斯为代表的欧美国防航空巨头组建了极星（Exostar）公司，用于探索国防航空行业的供应链网络协同。

一架飞机约由400万个零部件组成，制造分工也极其复杂。其中，法国负责总装配，英国负责发动机和机翼，西班牙制造水平尾翼和尾椎，德国生产后机身及垂直尾翼。不仅如此，制造过程还涉及2万多家一、二级供应商。

在过去的供应链管理中，为了保证对下游企业的稳定供应，每一层供应链企业都需要存货来应对未知的不确定因素。一旦市场出现波动，上游供应链企业都会面临库存滞压的风险。

依托核心企业共同成立的极星公司，深谙航空制造中的供应链痛点。它打造了一款能够覆盖产能计划、交付方式、订单数量和物流状态等诸多动态信息的供应链互联网系统，通过系统平台实时反馈信息给制造商与供应商，并指导全球供应商的生产计划，从而实现供应链的稳定运转。

以极星为样本，欧洲的空中客车与合作企业联合打造了空中补给（Airsupply）航空供应链系统，美国通用则联合福特与戴姆勒等企业创立了科纬讯（Covisint）汽车供应链系统，都对各自所在产业带来了深远的影响。

这种以传统企业为主构建的产业互联网形态，从需求与痛点出发，有效解决了企业生产过程中最迫切的问题，也实现了产业互联网深度改造行业的愿景。这些成功的案例充分印证了互联网并不是产业互联网的主角，真正的主角是产业。

跳出“流量”与“平台”的怪圈

国内的互联网领域非常擅长“流量思维”。从补贴、拉新与积累客户，到完成收割，一套组合拳打得顺风顺水。

到了产业互联网领域，这个套路就完全行不通了。毕竟，企业客户不会为了几块钱的“拉新”红包，就轻易尝试某种新的生产模式。于是，我们看到整个产业互联网市场在过去一直处于“烧钱推广—再烧钱—再推广”的怪圈中。

比如，一些软件水平不高的工业互联网平台企业，在拿到融资之后不去做产品质量的提升，反而去烧钱打价格战，最终形成整个领域的恶性竞争，导致劣币驱逐良币。

大量从事产业互联网改造的企业，正是在这种背景下倒闭，它们消磨了资本市场的信心，也消耗了社会的耐心。数据显示，从2017年下半年开始，以SaaS为代表的产业互联网项目融资频率都出现了“断崖式”下滑，倒闭的企业更是高达数百家。

单纯地把产业互联网看成流量争夺，就会陷入无休止的烧钱和补贴之中。

可能有人会问，产业互联网是不是不用烧钱？当然不是。

产业互联网同样需要巨大的投入，但这种投入是花费大量的人力、物力和时间，把垂直产业链研究通透，搞清楚产业每一个环节所面临的主要问题，并提供系统化的解决方案。一旦产业革命完成，产业重塑所带来的巨大价值将会抵消烧钱模式，成为驱动行业发展的全新动能。

除了摒弃流量思维，产业互联网还应该注意的是平台模式。

企业对流量的依赖是一种建立在平台经济逻辑和模式上的惯性思维。传统的互联网行业十分看重平台边界的拓展，因为每一次拓展都意味着更多的流量和盈利空间。在这样的认知体系下，互联网平台对与之合作的B端企业进行了全方位的流量榨取。我们所看到的技术赋能与跨界合作，其实都是流量榨取的手段。

获取流量的目的在于撮合交易和中介服务，这是互联网常有的惯性思维。但在产业互联网时代，信息不对称的情况已经有了极大的改善。在很多情况下，企业和企业间的交易行为并不需要中介，平台上呈现的商品介绍和价格信息只是一种参考而已。当越来越多的交易不在网上发生，拥有流量便成了一种累赘。

因此，我们应当将更多的关注点放在产业变革以及由此带来的新发展机会上，而不是流量的获取上。只有这样，产业互联网的发展才能走向正轨。

第 4 节　未来空间：太空与海洋的智能想象力

苏联天文学家尼古拉·卡尔达肖夫，在1964年提出宇宙文明等级的观点，以文明可用的能量和空间活动作为标志，将宇宙中的文明分为三个等级，分别为母星文明、行星系文明、恒星系文明。

而人类无法通过科技完全掌握地球的一切可用资源，还远远达不到一级文明。当我们仰望天空、凝视海洋时，不禁思考人类将以何种方式踏足并获取这些未知空间的巨大财富。

太空网络：危险的浪漫?

1998年，参与阿波罗计划的几位专家聚在一起探讨了一个课题：未来的太空探索需要什么，有哪些是现在可以着手做的？其中一个重要答案就是太空网络。

与地面网络一样，太空网络也是一种基础设施。不过，在走向遥远深空的道路上，太空网络需要面临的第一关并不是技术制约，而是经济效益。

过去，由于基站建设成本过高，地面网络建设大多设在人口密集的城市，而占据地球面积95%以上的非城市地区却“不在网络服务区”。但不建又不行，因为远洋海运、空中交通和科考勘探等活动，都需要高速、稳定、低延迟、覆盖率广的通信网络。

那么，有没有一种更经济的方式实现“网络全球化”呢?

SpaceX（太空探索技术公司）是世界著名的太空运输公司。2015年，SpaceX提出“星链计划”，计划向太空发射1.2万颗低轨卫星，并利用这些卫星搭建起覆盖全球的天基互联网。

利用低轨卫星取代地面基站，是一件“看似亏本实则划算”的生意。SpaceX通过研制可回收的猎鹰9号火箭，一次可以部署60颗批量化生产的星链卫星，远比其他运载方式的成本低。

通俗来讲，星链就是把基站搬到了天上，通过星座组网的方式实现全球无死角的网络覆盖，是一个潜在的蓝海市场。除此之外，卫星通信需要抢占频段，而卫星本身又要抢占轨道，这就意味着“先到先得”。因此，一场全球性的太空网络竞赛拉开了序幕。

亚马逊“柯伊伯计划”、OneWeb（一网公司）、Telesat（加拿大电信卫星）相继公布低轨卫星发射计划。2018年，中国航天科技集团首发了“鸿雁星座”低轨卫星，并计划打造由300多颗低轨卫星和全球数据业务处理中心组成的全球卫星星座通信系统，填补了中国在这一领域的空白。

低轨卫星只是弥补地面网络的空白，而星际网络才是太空网络的最终形态。

过去几十年里，科学家不得不适应缓慢的沟通方式。以NASA的“勇气”号火星车为例，因为天文级距离的因素，从发出命令到接收反馈，中间通信时延长达几十分钟。

想要实现星际网络的无时延，需要解决三个问题：首先，星球间有不同的自转和公转情况，导致星际网络用时长、窗口短、传输不稳定；其次，受制于卫星的质量、功耗和成本等硬件因素，传统太空网络的数据负载量很小；最后，目前星球间不存在固定的路由节点和中继网络。

2003年，著名互联网专家温顿·瑟夫提出了DTN（延迟容忍网络）作为一种星际网络的协议标准，让星际网络不再只是“空中楼阁”。与地球网络不同的是，DTN的设计要求每个路由节点必须具备存储数据的能力，以确保端到端的路径。通过国际空间站的一次测试，宇航员成功采用DTN作为底层协议的通信方式，遥控了一台远在德国的机器人。

太空网络对缩小城乡数字鸿沟以及加速星际产业效率具有重要意义，但美好的背后往往面临着许多现实问题。比如，无线频谱卫星向地球发送数据的优先级权利，如何避免可怕的凯斯勒综合征（轨道上的太空碎片导致失控后的连环相撞），以及星际网络如何实现商业化。

当然，最让人头疼的还是安全问题。2008年，黑客曾完全控制一颗NASA卫星长达9分钟，如果黑客通过指令批量关闭卫星，就会导致全球服务中断，甚至会改变卫星的轨道，将其撞向其他卫星和国际空间站。商业卫星如何建立低成本的网络安全保障，是一个值得深思的问题。

太空网络不再是简单的航天产业，而是一个更复杂且充满想象力的智能产业。

智慧深海：从透明到仿生

与热闹的天空和太空相比，海洋是人类既熟悉又陌生的地方。目前，地球表面71%以上被海洋覆盖，但其中95%的海洋仍未被人类所触及。

在神秘海洋的背后，蕴含着比石油和矿产价值更大的财富。比如，2010年中国蛟龙号下潜到3000～7200米时，发现了各种各样的深海动物，这些深海动物是对传统“没有光合作用就没有生命”认知的挑战，为生命的起源写下新的标注点。

人类认识海洋是一个漫长的过程。16世纪我们弄明白了海洋有多大，20世纪我们弄明白了海洋有多深，今天我们需要弄明白海洋大数据，特别是1000米以下的深海区域，这是实现智慧深海的第一步。

海洋大数据是一个全面的系统。在海洋观测时，如何充分考虑海洋大数据的“时空耦合”“地理关联”等特性，实现天、地、海等不同运载平台之间的协同观测，从“单点”走向“组网”呢？

2014年，中国科学院院士吴立新提出了“透明海洋”计划，即通过卫星遥感、水下机器人和智能超算等技术，实现对海洋表层、海洋深处、海底的立体观测，建立“海洋物联网”，实现透视和感知。

经过几年发展，透明海洋已初步构建起世界上最大规模的区域海洋潜标观测网，突破了潜标实时传输这一全球性难题，首次实现深海数据长周期稳定实时传输并共享应用。同时，高分辨率的“海洋—大气”耦合预报系统也研制成功，并配合观测网进入常态化预报，海洋观测顺利实现“单点”向“组网”发展，海洋大数据获取也更加全面立体。

如果说海洋大数据是智慧深海的眼睛，那么人工智能就是它的手脚。

AUV（自主水下机器人）和ROV（遥控无人潜水器）是人类由近海到深海迈进的水下核心系统平台，在海洋环境观测、海洋资源调查和海洋安全防卫等领域得到了广泛应用，其中水下声光学探测识别技术、路径规划技术、运动控制技术、故障诊断与健康预测技术都使用到了人工智能方法。

海洋探索充满挑战，特别是在深海区域进行采矿、通信和潜艇作业，面临着高压、洋流、地势、温差、黑暗等长期无法突破的技术障碍。那么，有没有一种更适合深海环境的人工智能机器人呢？

2021年3月，浙江大学李铁风团队率先提出机电系统软硬共融的压力适应原理，通过研制的仿生软体智能机器人，成功实现万米深海无须耐压外壳。

这是什么概念呢？经过计算，万米海底的静水压高约110兆帕，接近1100个大气压，相当于一吨重的汽车全压在指尖上。过去，需要高强度的金属外壳或压力补偿系统，才能克服深海的极高静水压。

李铁风团队通过对深海狮子鱼的结构进行分析，发现其骨骼细碎状地分布在凝胶状柔软的身体中，因此受到启发，对电子器件和软基体的结构、材料进行力学设计，优化在高压环境下机器人体内的应力状态，从而使整个系统无需外壳保护即可适应高静水压力。

这种环境自适应的仿生软体机器人将为深海探索科考、环境监测与资源勘探提供解决方案，为复杂环境与任务下的机器人设计提供了一种新思路。

深海是地球上面积最广、容积最大的地理空间，也是最后未被人类大规模进入或认知的空间。从数字深海到透明深海，从人工智能到仿生科技，未来的智慧深海一定是一个“物理空间+人类活动”的巨系统。

第 3 篇

住业游乐购

从自上而下的技术变革，到自下而上的需求满足，“高大上”的智能时代，不管是数据更大了，网络更快了，还是计算更强了，机器更聪明了，最终都要落脚于实现广大人民群众对美好生活的向往。智能时代的“大厦”中，“芯屏器核网”是地基，“云联数算用”是钢筋水泥，“住业游乐购”则是房屋，装着老百姓的“柴米油盐”。换言之，“住业游乐购”是智能化的最终目标与检验标准。只有在老百姓的日常生活场景中，才能检验这些新技术是否具有广阔的应用前景。

——“住业游乐购”全场景集，将为我们带来怎样的美好生活?

住 着眼住得舒心、住得放心、住得安心，围绕智慧社区、智慧医疗、智慧城管和安全保障，打造一批“宜居”城市场景。

业 着眼打造终身学习场景、促进劳动力与市场需求精准高效对接、提升办公智能化水平、统筹整合各类政务服务资源，围绕线上教育、智慧就业、线上办公、创新创业，打造一批“宜业”城市场景。

游 着眼提升旅游体验、改善交通环境、创新旅游产品业态，围绕实现畅通游、多彩游、生态游，打造一批“宜游”城市场景。

乐 着眼丰富数字娱乐形式、充实文体娱乐内涵、增强享乐体验，满足美好文娱生活需求，围绕数字娱乐、智慧文化、智慧体育，打造一批“宜乐”城市场景。

购 着眼丰富线上线下新业态新服务，营造时尚、高效、方便、舒适的消费环境，围绕智慧购、高效购、便捷购、放心购，打造一批“宜商”城市场景。

第 11 章　住：重构智慧宜居新生态

第 1 节　智慧小脑：打通社区“最后一公里”

没有智慧社区的步步为营，智慧城市这盘大棋很难下好。

作为智慧城市建设的基础单元与底层支撑，智慧社区对提高社会基层治理能力、推动社会治理现代化发展以及全面提升人民生活质量至关重要。

过去几年，各类智慧社区如雨后春笋般冒出来，新概念、新技术与新模式层出不穷，各大“玩家”纷纷入局，一时间火热异常。

不可否认，在技术和资本的推动下，智慧社区得到了极大的发展，硬件设备和软件应用进一步提升，甚至在某些单点场景下，已经实现了智能服务。当热潮退去，市场回归理性，科技回归价值时，我们产生疑问：目前局部智能和运维落后的智能社区，是否还处于缺少实用价值的伪概念阶段？疯狂地野蛮生长过后，智慧社区在未来又该何去何从？

智慧社区的不智慧难题

相信很多人都亲身经历过，小区大门门禁已经实现了人脸识别，但是进出楼栋还是要刷卡；疫情期间想要外出办事，必须到社区领取纸质通行证；社区工作人员为了摸清辖区居民的身体状况，仍要挨家挨户上门寻访，而且只能手动测温和记录。

似乎传统的服务模式仍占主流，智能化始终若隐若现。我们对智慧社区的理解是，通过各种智能技术和方式，整合社区现有的各类服务资源，为社区居民提供政务、商务、娱乐、教育、医护及生活互助等多种服务的智慧生态模式。

显然，从目前的发展现状来看，大多数人对智慧社区的理解过于片面，运营者只是简单地在社区内堆砌智能化设备，并没有让智能产品转化为智慧服务。智能而不智慧是现阶段智慧社区的最大困境。

智慧社区建设是一个极为复杂的系统工程。除了技术上内容繁多——涉及物联网、人工智能和大数据等软、硬件开发以及多个应用的统筹，还需要全面协调打通多个政府部门数据，打造中心数据库，而难点正在于此。

一方面，由于政府不同部门的设置和职能分工有差异，各层级、各职能部门之间的系统与数据标准也不统一，管理层级间易形成数据孤岛，导致社区数据体系割裂，进而无法为社区智慧服务提供支撑与依据。

另一方面，由于各个供应商在软硬件应用与服务等方面标准不一，无法形成有效的数据集成分析，产品之间不能兼容，从而造成了智慧社区服务应用参差不齐、生态割裂。说好的“万物互联”变成了一万个应用的互联。

在这样的情况下，智慧社区平台的运营变得寸步难行。一个现实的情况是，不少智慧社区在交付后就不再进行维护，最后导致一些智能体验还不错的平台在一两年后因为缺少维护而崩溃。

数据孤岛、技术冲突与运营缺失，最终造成了智慧社区的不智慧。事实证明，一味地堆砌服务与设备，并不是通往智慧社区的有效路径。

打通“最后一公里”

从某种意义上来说，智慧社区其实就是智慧城市的迷你版，虽然它建设规模小，但工程量其实不小，而且结构冗杂。从智能到智慧的“最后一公里”，看似近在咫尺，却易守难攻。

按照这样的思路进行探究，如果智慧城市需要城市大脑，那么迷你版的智慧社区则需要“社区小脑”。

“社区小脑”实际上扮演的是社区中枢的角色，它可以整合数据、协调资源、发出指令并提供更好的服务。比如社区应用、家庭智能中控、社区门禁、电梯、车库、配套商业和物业管理等，只要和“社区小脑”系统对接上，就能实现互联互通与协同服务。

在“无脑社区”里，就算安装了上百个摄像头，它们也只是孤立的傻瓜照相机，只会记录不会分辨数据，数据处理依赖大量人工。而实现“社区小脑”后，这些傻瓜摄像头便具备了感知能力，能够识别老人、小孩、宠物和车辆在社区范围内的活动，对音频、视频等数据信息也能经中枢系统进行精细处理，及时感知，及时应对。

智慧社区不只是在单品与单品间割裂式地提供服务，还是在人与物、物与物、场景与场景间智慧联动。我们可以设想这样一个场景：

当业主驾车进入小区时，小区门禁会识别车辆进入，随即联动该业主的家庭智能中枢，远程开启回家模式。家里的灯具、窗帘、空调、热水器等家居设备进入预设状态，厨房里智能机器人开始按照业主的食谱烹饪晚餐。与此同时，小区门禁系统将自动关联智能快递柜，并调动物流机器人取件送至业主家门口，业主抵达家门口时，通过“刷脸”取走快递进屋，而屋内的一切早已准备就绪。

从单点智能到跨场景智能，这就是“社区小脑”的价值。原本孤立的单品体验可以互相协同，物与物之间可以对话，不需要人的参与就能完成定制化服务，继而为用户带来“无感”的智能体验。

万户智联与一站式服务是我们对智慧社区的终极畅想。未来，“社区小脑”将进一步发挥价值，实现社区与社区之间的跨区连接、社区与城市之间的无缝联动。一旦各大场景之间的边界被打通，社区与城市最深层次的运营架构也将被改写。

重构社区“玩家”新生态

智慧社区发展需要“引路人”，多年以来，这个市场中从不缺少“玩家”。但现实是，小型技术商无力应对，大型集成商又不愿精耕，无数厂商被劝退，即使头部公司众多，依然缺乏领头羊。

毫不夸张地说，到目前为止，还没有一个公司能够把所有的设备、所有的场景与所有的服务串联起来。基础设施改造升级成本高，人力、物力、财力耗费严重，这只是智慧社区行业痛点的冰山一角。除了技术与资本的壁垒外，独特的“基因”也是筛选“玩家”素质的重要一环。

物业管理公司更懂场景，但没有雄厚的资本；科技公司拥有一流的技术与软硬件实力，却不懂物业场景，被服务拒之门外；互联网公司具备专业的运营服务能力，却同样被技术与资本捆住了手脚，服务无法落地；地产公司资金雄厚，部分巨头也具备专业的物业管理能力，但智能硬件、平台研发和平台运营能力基因欠缺，最后面临“交付即落后”的尴尬局面。

事实证明，面对智慧社区这一需求庞大、结构复杂的系统工程，任何一个“玩家”都无法靠一己之力创造“理想国”。毫无疑问，纵横捭阖、联合拔寨，才能重构智慧社区下半场新生态。

如今，深谙其道的头部公司们已然醒悟，开始尝试从单打独斗变为产业链上下游联动发展。

像万科“联姻”海康，绿城“牵手”大华，地产与科技最终在同一条赛道上走到了一起。倘若这一尝试能够成功，在双方优势互补的基础上，他们将联合打造出一套智慧物业行之有效的操作系统，进而引领新一轮智慧社区变革。

技术的发展远比我们想象的要快，但归根结底，智慧社区的核心是“以人为本”，任何模式的创新都需要聚焦到“人”的服务上，而非科技本身。所以，面对不同的智慧社区难题，我们也不能用“一刀切”的方式通盘解决，因势利导、因地制宜才是通往智慧社区最有效的路径。

第2节　老旧小区改良：破解基层治理“新密码”

不论智慧社区这个“车头”的动力有多足，如果老旧小区这个“车尾”负担过重，基层治理的“列车”也快不起来。

以人民群众为核心的基层治理，最终都会落到社区的层面上来。一方面，社区作为连接群众与政府的基本单元，是社会治理数据的集成地，掌握着最原始、最全面与最及时的高颗粒度数据；另一方面，社区作为政府各部门最前端的“触手”，是政策下沉与实施的核心渠道和最终场景。

而老旧小区作为社区生态中最冗杂的一环，可以说是木桶理论中“最短的一块木板”。它的智慧化改良成效，才是考量我国现代化治理能力的重要标尺，也是解锁基层治理的核心密码。

老旧小区的基因缺陷

对智慧化而言，老旧小区这块骨头到底有多难啃？

回答这个问题之前，我们先来厘清智慧社区建设的两大方向。那就是现代小区的智慧化打造，以及老旧小区的智慧化改良。

如何理解呢？智慧社区建设，绝不能“一招鲜吃遍天”。

实际上，随着新型城镇化发展的推进，增量的现代小区，无论在区位、交通、物流、通信和基础设施配套方面，还是在居住人口结构等各个方面，都具备完善的基础与先天的优势。因为一切几乎是新的，没有“历史包袱”，所以现代小区似乎更方便治理，也更适合进行全面的智能化打造。这也催生了大量软硬件设施齐全、各种功能完备的智慧社区项目。

而存量的老旧小区，却拥有诸多的“基因缺陷”。现存规模大、建筑成套率不高、健康空间缺失、社区功能模块不合理、人口结构复杂和居民老龄化严重等问题，都导致了老旧小区治理管理难，以及智慧化落地难上加难的困境。

具体而言，现代小区“大而全”的智慧社区解决方案，并不完全适用于老旧小区的治理服务场景。比如，中老年群体已经形成了固化的行为习惯与生活习性，很难接受使用这样那样的App，更不愿把诸多生活需求全都搬到网上。

然而，较之现代小区，老旧小区因为社区管理任务冗杂，更需要智慧化的赋能。现代小区管理服务分工明确：所在区域的社区居委会负责业务审批和数据上报等行政管理工作；小区物业管理公司则负责物业管理与小区服务。而很多情况下，老旧小区没有物业管理公司，所在区域的社区居委会往往要承担所有工作，压力巨大且效率较低。

比如新冠肺炎疫情防控期间，我们都深有体会：现代小区都可以通过门禁智能设备自动采集居民体温数据，并通过系统直接同步到智慧社区中台，社区再将数据共享到卫健委，从而实现对社区居民健康情况的精准把控。而老旧小区由于基础设施薄弱，社区工作人员只能每天拿着体温测量仪器，挨家挨户逐一测量，最后提交纸质数据报表，防疫效率大打折扣。

对症下药的精准赋能

老旧小区不能不改，更不能假改与乱改。

事实上，有很多地区已经启动了老旧小区的“改造”，但这种改造大多是“穿衣戴帽”与“掩耳盗铃”。我们经常会看到，一个老旧小区外墙被粉刷一新，但小区内在的“肌理”毫无变化。

搞这些面子工程必定无法走远，也不能解决社会基层治理的实际痛点。那么老旧小区到底该如何进行智慧化改良呢?

我们首先明确一个核心的观念，那就是老旧小区智慧化改良只能解决部分问题，而不能解决全部问题。老旧小区作为一个存量机体，它的改造必然是一个长期且复杂的工程，如果我们抱着“一口通吃”的想法来实施，反而会无从下手，更无法击中要害。

同时，我们更不能掉进“用大炮打蚊子”的误区，智能化设备即使堆砌起来，也往往无法解决老旧小区方方面面的细小问题。所以，老旧小区的智慧化改良不是“翻新”，需要的不是“烧钱”，而是接地气的“对症下药”。

有了这样的共识与前提，我们再来探讨老旧小区智慧化改良的突破点在哪里。

社区是城市的基本单元，而网格则是社区的基本单元。一个社区往往被划分为多个区域网格，每个网格都由一名社区居委会的网格员进行管理与服务。网格员就是基层治理的“神经末梢”。但对老旧小区而言，这个“神经末梢”的压力很大，不但要承担综治、防疫、宣讲以及各种登记等一系列行政职责，还要负责调解居民纠纷、承接报事报修等服务工作。

所以我们不难发现，解决网格员工作中的实际问题就是解决老旧小区的管理问题。明白了这一点，我们还必须秉承一个观念：不能过分夸大智慧化的作用，智慧化绝不是也不可能取代网格员的工作，而是给网格员赋能，减轻他们的负担，提高他们的效率。

比如，在各种居民信息登记工作中，为网格员匹配自动识别手段，实现精准高效的表格化智能采集，并自动上报到民政、治安与卫生等相关部门，就可以将网格员从表格填写与统计这种重复性的流程工作中解放出来，从而投入更多的精力去关怀社区居民，提供人性化服务。

然而“智慧化不能解决所有问题”，邻里纠纷与家长里短还得通过人与人的沟通得到解决与慰藉。

拒绝高大上，专注小而美

如果深入老旧小区智慧化的“肌理”，我们甚至可以发现一些令人哭笑不得的情况。比如上百个各种各样的行政类与服务类App充斥了网格员与社区居民的手机，绝大多数人当初下载App是为获得奖品，而后那些App就再也没被打开过。

究其原因在于，大多数智慧化应用的技术提供方往往按照自己以往的经验来推断老旧小区的需求，进而构架服务功能，并没有摸清社区工作的真实痛点。

比如社区服务中最常见的报事报修。这里的水管破了，那里的灯泡不亮了，那里又有乱停车，居民们需要及时准确地把这些信息报给社区居委会。技术提供方往往执着于如何以App或小程序为前端载体，让居民们通过图片、视频、语音与文字等多种便捷形式，在智慧社区的软件平台上报事报修。

但事实上，单就信息上报而言，社区居民们习惯于通过微信这种更简捷的方式及时将信息告知社区居委会与网格员，并不需要智慧社区软件的介入。真正的痛点还在于后端响应。社区居委会收到报事报修的信息后，通常以打电话的方式告知自来水公司或电力公司这些上门解决问题的机构。然而，一来会有响应延迟，导致居民们的问题迟迟得不到解决；二来信息传递会有遗漏或偏差，导致相关机构要跑几次才能解决问题。

所以，智慧社区在这里的真正任务是，打通前后端，倒逼流程优化，让居民们反映问题的各种信息能够被直接且准确地传递到相关服务机构的工作人员那里，社区居委会起到流程督促管理的作用。这样的智慧社区，才能真正起到为居委会减负增效的作用。

对于老旧小区的智慧化改良，我们的思路应该转变为“需求供给”大于“服务叠加”。与其在小区建立一个空气质量监控中心，不如为社区老人戴上监测心血管的智能手环；与其建立一个线上购物商城，不如建立一个丰富社区活动的渠道，定期组织社区交流活动，提升居民的幸福指数。

所谓“改良”而非“打造”，也就是针对社区网格员与居民的核心需求，进行“微创新”或“局部创新”，而非推倒重来或凭空盖楼。未来，当老旧小区这个“车尾”也拥有足够的动力时，基层治理这辆“列车”才会进入快车道。

第 3 节　智慧医院：解开医疗资源配置难题

一场突如其来的疫情，将智慧医疗推到了“大考”的关键时刻。

一方面，医疗体系数据亟待进一步打通，智能技术需要在更多的应用场景中落地；另一方面，技术思维与专业认知在医疗领域内必须实现完美协同与融合。技术升级和体系变革正面临最后的阵痛。

经过很长一段时间的野蛮生长与摸索，我们至少厘清了智慧医疗命题的核心逻辑：就医疗而言，不论是医生、患者、医疗技术、医疗资源、政策体系还是服务需求，最终都指向一个场景，那就是医院。

打开最后一扇门

医疗问题从来都不是一道技术题，而是一道资源题。

全世界范围内的医疗发展都存在这样一个困境：大部分优质的医疗资源掌握在少数地区的少数机构手中。这种局面最大的风险在于，如果出现大规模公共卫生事件，医疗资源的调动与分配将异常艰难。

新冠肺炎疫情期间，一些医疗发达的国家在处理这一紧急疫情时显得束手束脚，反应迟缓，其原因就在于此。并不是它们的医疗资源投入不足，可能更多的原因在于他们无法有效分配资源。

当然，制度与体系的原因可能存在一定的影响，但我们能否通过技术的方式，尽量优化扭转这一局面？答案毋庸置疑，一定是能。

实际上，大数据与物联网等技术已经为医疗装上了利器，一些医院早已开始实施医疗智能，包括智能导诊、移动医护与AI辅助医疗等智能技术与设备的配套。但是，在院外的医疗场景，需求、技术、设备与数据如何共享协同？很长一段时间，实现这样的想法都面临一道难关——网络速度。如果没有网络支撑，那么一切智慧都是空谈。

随着5G的出现，这道难题迎刃而解。5G为智慧医疗带来的最大价值是，打破时间与空间的限制，为医疗资源下沉与场景拓展插上了翅膀。

试想，在5G网络下，偏远地区的病人因交通不便，可以在当地通过远程视频会诊，获得专业医生的医疗咨询服务；当有紧急事故时，远端专家可以利用医工机器人和高清音视频交互系统，对患者进行及时的远程手术救治；而远程示范教学可以对各个地区的医护人员进行线上的专业实践培训。

在“无时空医疗”的环境下，专家医生、医疗技术和医学教育等资源得到了全方位的高效优化配置。此外，5G进一步拓展了智慧医疗的应用场景，在智慧服务与医疗管理方面发挥出了极大的作用。

例如，针对新生儿重症的场景，面对家属迫切的探视需求，手术室可以提供5G远程探视服务；在医疗耗材的管理方面，基于5G和物联网，医院也可以通过对废弃物清运车跟踪定位，实现动态的、及时的医疗废弃物管理，以防传染源扩散风险。

5G的价值比想象的更大，而智慧医疗似乎已经做好了准备，只待它推开这最后一扇门。

全场景智能

医院的智慧化升级绕不开全场景智能的实现。

简单来说，全场景智能就是以医院用户体验为核心，通过5G、人工智能和物联网等技术，实现医院资源全要素协同，从而全方位提高医疗服务效率与质量。

这就需要构建一个“有思维、可交互、能操作”的智能系统。如果我们把智能医疗系统想象成人的机体，那么各个器官之间、组织之间就要能够实现自我协同。

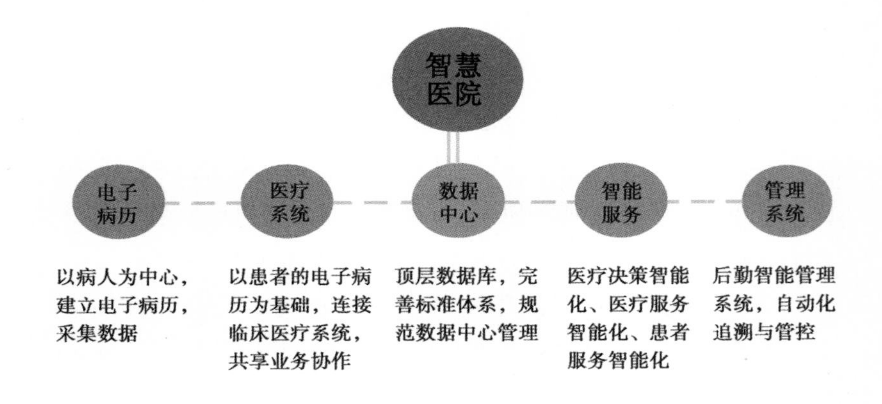

首先是打造有思维的“大脑”。就像人类的大脑一样，医院“大脑”也可以分为“左脑”和“右脑”：“左脑”侧重于后勤服务管理，对医护人员、设备与药材等资源进行全方位系统管理；“右脑”侧重于医疗服务管理，对医疗服务动态数据进行实时监管与分析，从而实现医院运行的自我完善。

对患者而言，智能系统的医疗“大脑”可以帮助他们减少等待时间，并改善服务体验；对临床医护人员来说，则可以帮助他们腾出更多的时间专注于对患者的人性化服务。

其次是打造可交互的“五官”，“五官”也就是遍布医院的有感知与交互能力的智能化应用。比如室内感知系统，当佩戴特定工牌的医护人员进入病房时，位置与时间等数据就会被实时记录，从而实现所有医护路径的可追溯。

对患者而言，当出现过敏、细菌感染以及跌倒等潜在风险时，系统会自动调配最近的医护人员前来处理，将医疗风险降到最低。同时，患者可以通过此系统与医护人员进行交互，系统提供包括智能呼叫、建议点餐、服药提醒等智慧服务。

最后是打造能操作的“手脚”。除了有思维和可交互外，医院智能系统还需要实现自动化。例如，医院智能系统自动配药后，自动导航物流车会按照路线将配药送至各病区，并且在分药站实时检查配药盘中药品的正确性。此外，患者的采血、CT与泌尿等检验报告单，也可被及时送达，缩短患者等待时长。

通过医院“大脑”“五官”与“手脚”协同形成的智能医疗系统，将会给医、护、患、管带来极致体验，最终打造医院的全场景智能。

智慧医院不仅仅是医院

随着我们对智慧的标准越来越高，我们对智慧医院的期待也不仅仅是打造一个智能化的医疗机构，我们还希望通过医院的智慧化，提升整个医疗体系的服务效率。

在这样的共识下，与其说智慧医院是智慧医疗发展的结果，倒不如说它是“解题”的过程。而毫无疑问，智慧医院的实施过程需要魄力与决心。

打破医院的边界是第一步，也是最重要的一步。在传统的医疗体系结构中，医院各自运营，术业专攻，涉及基础研发、临床研究、转化、预防、治疗、康复和公共卫生等多个类别。而现在，我们要将这些功能放在一个系统内进行整合，打造新的医疗体系。

在新的医疗体系中，不同的“医疗体”将会重新进行分工，包括大型医院、专科医院、社区医院、康复医院、药房和家庭医生工作室等，它们各司其职、相互协同、共融共生，从而搭建一张新的分布式医院网络。

通过这个无边界的医疗生态网络，医疗资源将以更灵活、更精准与更专业的方式与终端医疗需求完成匹配，全方位提升医疗服务效率。从某种意义上来说，智慧医院是一种比医疗联合体更全面、更系统，也更智能的表现形式。

比如，为了打通健康服务的“最后一公里”，让民众在家门口获得更优质的医疗服务，2021年3月，上海市筛选了5家市级综合医院，分别与嘉定、青浦、松江、奉贤和南汇5个新城的区域医疗中心实现了联合，希望以市、区医疗联动的模式，推进跨区诊疗和家庭医生的医疗服务。

这5家市级综合医院的具体做法是，派出心血管科、呼吸科、消化科、神经科、肿瘤科、内分泌科和儿科等科室的专家，通过教学、义诊与查房等技术传帮带，将常见病、多发病与慢性病患者分流到基层医疗机构，提高基层防病治病和健康管理能力，从而进一步完善智慧医疗体系。

又比如，在新冠肺炎疫情防控常态化阶段，由科大讯飞设计的智医助理覆盖了全国170多个区县的3万余家基层医疗机构，服务超过5万名基层医生，惠及5000多万名居民，日均提供超40万条辅助诊断建议，累计提供AI辅助诊断超1.2亿次，有效缓解了基层医疗人员不足的问题，提高了基层的诊疗服务水平，保障了疫情防控质量。

智慧医疗不是技术与伪需求的堆积，而是以服务用户为中心，实现医疗智慧化升级。虽然智慧医疗目前还存在着很多痛点，如生态与体系的碰撞、技术与学术的磨合、资本与市场的重构等，但相信在不久的将来，一切问题都将迎刃而解。

第 4 节　城乡“互黏”：激活乡村振兴智慧化

智慧城市，勿忘乡村。

自古以来，中国的城市与乡村就无法完全割裂开来，看似城市保持着对于乡村的绝对优势，二者之间实则相互交融、依赖共生。中国社会始终处于一种“城乡互黏”的状态。

虽然我们一直在提倡“城乡结合”或“城乡一体化”，但实际上却很少将“智慧城市”与“数字乡村”两列“快车”并入同一车道。这里面存在一个本质逻辑：不论是“智慧城市”还是“数字乡村”，最终都是为了构建智慧宜居新生态，当“数字乡村”成为“智慧城市”建设的必要补充时，数字中国的路径才更加清晰。

智慧不是复制那么简单

不难发现，随着新型城镇化建设和社会治理现代化任务的叠加，我国智慧城市发展也逐步走入深水区，智慧化的重心开始向二三线城市甚至区县转移，小城镇与乡村正成为我国智慧城市建设的新发力点，数字乡村正站上新的风口。

但一直以来，在数字乡村的探索过程中，都存在着一个巨大的误区，就是将智慧城市简单粗暴地复制和移植，导致乡村的数字化和智慧化“断层负重”，鲜有成效。

我们看到很多智慧城市的规划中都提到了“打造城乡一体的信息基础设施”的任务，然而很多地区对此理解过于片面，于是展开大规模的农村网络建设工作，强行将农村的网络硬件设备与宽带水平拉到和一线城市同样的高度。

可结果是，由于农村的使用能力有限，一些应用类信息的基础设施资源被大量浪费。在电费成本高与运维缺失的条件下，许多农村的室外液晶显示屏成为摆设；一些智慧终端设备因为速度慢、村民不会用和怕用坏等原因被封锁在村委会；还有近几年大力推广的“数字家园”和“计算机培训教室”也多半处于关闭的状态。

不切实际、不合时宜是造成这一误区的最大原因。那么到底应该如何完善“城乡一体的信息基础设施”呢？

其核心应该是围绕城乡互联互通，进行最优化的基础设施资源配置，以需求而非指标为导向。例如，将大城市各个机构达到一定使用年限的计算机批量送到农村地区，既降低了成本，又实现了资源的再利用。

除了理解上的误区外，数字乡村在产业升级方面同样存在技术性的偏差。众所周知，智能化和精细化是智慧城市产业发展的重要特点，所以很多地区片面地将“精准农业”与“数字乡村”画上了等号。

的确，“精准农业”可以通过对环境的精确感知、系统诊断，实现科学化管理，从而提升农业生产效率与品质。但是，一味地追求“精准”需要耗费昂贵的农业设备和系统，这对土地资源稀缺以及农产品附加值低的乡村而言是入不敷出，反而被戴上了一道沉重的枷锁。

况且，抛开成本不谈，要实现这种高精尖的大规模“精准农业”，还需要既懂智能化技术又懂农业生产的高端复合型人才，这也是一般乡村不具备的条件。所以，乡村的“精准”与“智能”建设不能一概而论，需要因地制宜，量力而行。

数字乡村建设不是“形象工程”和“政绩工程”，更不是智慧城市的复刻版，未来的主题将会是智慧城市如何与数字乡村融合共建，回归“以人为本”。

激活城乡要素流通

城乡互黏不是简单的连接。在城市化高度发展的今天，城市是人们生活和生产的主要场所；而乡村，则是城市物资供给的所在地，也是城市边界扩展的生态、游憩空间。

智慧城市与数字乡村虽然是各自发展的两个系统，但究其本质，它们都无法形成自身的内部闭环。城乡互黏发展的根本逻辑是，通过智能化完成城乡之间要素的时空流动与重组，促进城乡一体化的资源配置和结构调整，进而实现对城乡产业发展和生活方式的优化和改善。

对城市而言，城乡要素流通可以实现“产服分离”，进行产业空间结构优化。比如制造业，随着传感器、人工智能、互联网、人机交互和增材制造等新技术的进一步发展，自动接单、调度、采购、排产、自主生产与自动物流等全流程的智能化生产成为现实。

在城乡互黏的基础上，可将大规模的制造业往乡村转移，实现“无人工厂”的空间调整；而在城市更多的是通过3D打印，进行个性化定制生产，匹配工业生产的服务。

对乡村来说，城乡要素流通可以实现农业价值链的重构。

一方面，在新技术的推动下，定制化生产成了一大需求。比如很多地区打造“社区支持农业”模式，通过互联网平台将乡村农业生产与城市社区紧密连接，按订单组织农业生产活动，从而大幅降低农产品的流通成本；再如利用区块链技术建立可信机制，可实现全程可追溯的供应链条。

另一方面，更加智能化和个性化的农业新技术，使农业生产空间的灵活性大大增强，甚至能在城市空间中渗透。我们可以看到，国外有很多公司已经开始研发屋顶垂直种植，室内种植箱和鱼、菜共生等小型生态种植、养殖设备，希望将新鲜蔬果和鱼肉的生产融入城市空间与住宅空间，从而降低运输成本，保证品质。这对于新冠肺炎疫情期间社区食品资源的自给自足，也具有重大意义。

随着城乡要素的互联流通，城乡的空间界限也会进一步模糊，“如何缩小城乡经济差距？”这一难题终将被解开。

为“数字牧民”提供栖息地

我们一直在说，智慧城市和数字乡村的核心目的都是打造一个“以人为本”的智慧宜居新生态，但这个“人”是哪些人？他们又需要怎样的宜居生态？在这里我们不妨提出一个新的视角，那就是为“数字牧民”提供舒适的栖息地。

随着移动互联网的普及，人们的生活与工作发生了全方位的叠加与融合，依数字时代水草而居的“数字牧民”应运而生。在新技术的支撑下，这群新居民可以边旅行、边工作、边学习、边交友、边创新。

与此同时，在新业态的推动下，各个行业也实现了研发、设计、物流、服务等环节同生产的空间分离，传统城市规划的功能分区和用地功能分类体系在很大程度上将被瓦解，城市的功能也将从生产中心进化成产业创新的平台。

生产、服务、居住和生活娱乐的高度混合，为“数字牧民”提供了更多的场景。新冠肺炎疫情期间的线上办公就是最好的例子，几乎所有行业实现了居家办公和在线会议相结合的工作模式。

而基于这种模式，我们发现，处于城市产业链高端的创意、研发、设计与教育等行业，其工作场所都可以与城市空间解耦，从而转向风景优美和空气清新的乡村，为“数字牧民”提供一种工作生活一体化的、远离城市的宜居环境；同时，也为乡村带来高精尖人才，推动了数字乡村的发展。

比如日本的神山町，本来是一个人口稀少且老龄化严重的山区小镇，但“数字牧民”的涌入，给当地带来了大量IT企业的办公场所，以及各类服务设施包括面包房、咖啡店、牙科诊所、餐厅和图书馆等。完善的数字化设施、舒适的乡村环境和融洽开放的氛围，吸引了越来越多的创新型人才移居神山町，最后使神山町脱胎换骨。

在5G、大数据与物联网等新技术的推动下，城乡空间和产业组织变革迎来了历史性机遇。如何通过智慧手段促进城乡间要素的流动，打破城乡空间结构，重塑城乡生态资源链，打造宜居、宜业的未来智慧新生态，才是未来城乡互黏的核心命题。

第 12 章　业：线上线下的体验重构

第 1 节　寻找线上教育的智慧化路径

在理念与技术的双重驱动下，当今教育发生了前所未有的变革，数字技术与教育场景的加速融合正在打破教育创新的新边界，并重构着教育的模式和价值。

新冠肺炎疫情倒逼线上教育“被迫营业”。教育部在疫情期间做出调整，要求进一步加强“专递课堂”“名师课堂”和“名校网络课堂”等线上教学体系建设。

但是，线上教育是否就是教育行业智慧化升级的核心关键，还存有一个大大的问号。关于线上教育是否等同于智慧教育这件事，仍需我们持续地寻找答案。

线上教育的数据桎梏

如果线上教育仅仅是将线下的内容简单地转移到线上，那便失去了智慧的意义。

教育智慧化的核心在于，教学体系的各个岗位利用精准、及时的高颗粒度数据进行密切的协同配合，从而实现数据驱动的高效教学、督导、管理和学习。从这个角度来讲，线上教育还面临诸多困境。

线上教学数据的采集可以说是最大的难点，特别是学生的学习行为、学习状态、上课情绪以及内心活动等“隐藏”数据极难通过技术进行精准识别，这给学习督导与管理造成了不小的困难。比如在线上教学的过程中，老师如何远程管理学生的专注度和学习状态，如何与全部学生保持强关联，如何调节师生情绪以及确保安全等，都是现实问题。

更让人在意的是，目前来看，线上教育系统对学生的数字画像并不足够精准，它大多依靠考试成绩、刷题数量等单一维度数据进行分析。而我们知道大数据有一个特点是全面与海量，要想教育数据模型精准，就必须打通线上线下多维度数据，比如学生进出校园，做作业、考试，借阅图书，参加体育运动、社会实践活动和家庭学习等的相关数据，而这些数据琐碎且复杂，整合难度极大。

正是“隐藏”数据的缺失和线上线下的数据壁垒，导致很多线上教学系统运行低效，学习诊断与预测失灵，智慧教育变得“不智慧”了。

数据驱动对线上教育而言，其最大的价值在于能够实现教育的千人千面即因材施教，针对不同学生规划不同的学习体系。而事实证明，靠单一的机构是无法做到这一点的，线上教育的未来一定是教育、科技与资本等多方机构的融合协作。

实际上，英特尔、百家云与蓝鸽科技等公司已经开始了这方面的尝试。英特尔开发的边缘服务器可以对各类数字化碎片化的资源库、各类教学轨迹信息和各应用系统的思维模型进行整合，从而实现定制化的线上教育解决方案。

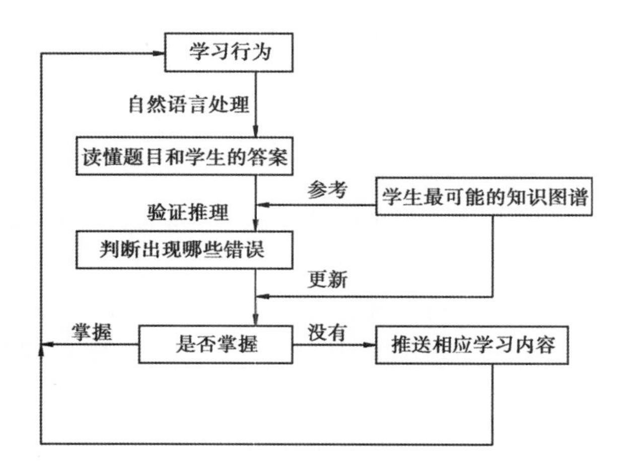

自适应学习模型

以山东一所小学的实际应用为例。过去学校的课件、考卷主要是靠老师自行编制，统一教学，而在英特尔的智能化资源云和大数据评估系统部署之后，老师可以依托校园云平台，根据学生的学习进度智能化生成课件，为不同基础的学生提供不同的学习方案，这样不仅减轻了老师的工作量，还提升了教学效率。

线上场景的极致体验

一直以来，教育都在追求冰冷知识与人性温度之间的平衡，也就是寓教于乐。但好的学习体验说起来简单，实现太难，对线上教育来说尤其如此。

我们可以看到，新冠肺炎疫情期间，很多自制力差的学生在线上上课时都会出现注意力不集中的情况，其中很大一部分原因在于线上授课的枯燥与单调，缺少互动性与体验感。

这是线上教育不得不直面的现实问题。在解决了新冠肺炎疫情期间“停课不停学”的线下场景受限的痛点后，线上教育下一步需要解决的，就是如何进一步赋予线上学习场景极致的体验。

实际上，我们很早就开始设计与尝试对智慧学习场景的开发，但受限于技术与网络，迟迟未能达到完美的效果。随着大数据与人工智能技术的快速发展，尤其是5G等新基建的全面深化，各种智能教学设备与智慧教学场景将会实现。

硬件早已准备就绪，只等5G插上腾飞的翅膀。5G的到来，确实将很多线上学习场景进行了极大的拓展，高清远程互动教学、VR沉浸式课堂等教育创新应用开始逐渐走入课堂。

比如，线上音乐大师课可以实现零延时互动。我们知道音乐课的线上教学是非常困难的，因为音乐节奏主要靠时间来承接，1秒钟内可演奏半拍、一拍甚至四拍，若网络有延时，学生就不能很好地掌握节奏变化；而在5G环境下，利用虚拟专网的高速率与低时延，可以打破空间限制，实现远程音乐授课、异地合奏等场景的“零时差”衔接，让学生能够与老师隔空双向互动，大大提升了线上学习的体验感。

又比如，曾经只能在线下进行的体育课，也能够通过5G+VR/AR的方式，在线上实现体感同步教学，从而达到跟线下一样的体验效果。

当5G不断打破线上线下的教学空间，重构教学模式，教育场景下的极致学习体验也将进一步释放其价值。

从新鲜感到新常态

从某种意义上来讲，线上教育的快速爆发在很大程度上是基于新冠肺炎疫情期间的“应急反应”，甚至是无奈之举。但是，当疫情逐渐平息，学生复课，大家再次回到真实的校园，线上教育是否会“功成身退”，再次回归原点？

毫无疑问，答案是否定的。线上教育不能取代传统校园教育，但也不能被替代。线上教育为教育体系做出的最大贡献，就是颠覆了传统的单向选择制度。

在传统教育体系中，校园和老师可以选择学生，学生很难选择自己喜欢的老师和课程，而线上教育的优势在于，学生可以自主选择最适合自己的学习内容、难度，知识呈现方式，交流方式甚至是老师，从而实现教育的自我意识的提高。

比如，在同样的奥数课程中，学生可以根据自己的基础和喜好购买不同老师的课程，要比赛和考试的学生会选择讲解更深入、更细致的老师，而以奥数为兴趣爱好的学生则可以选择解题通俗易懂、授课具有趣味性的老师。这才是千人千面的教育模式。

除此以外，线上教育体现出来的最大价值是大力推动了全国教育资源的共享。

2020年5月，教育部在新闻发布会上发布了一组数据：截至2020年5月8日，全国有1454所高校开展了在线教学，103万名教师在线开设了107万门课程，合计1226万门次，而参加在线学习的大学生共计1775万人，合计23亿人次。

这是史无前例的一次教育“盛宴”。一二三线城市与乡镇的教育资源不平衡，各地教育水平差距巨大，是中国教育的普遍现状。而线上教育在短时间内就在“面”上体现出了惊人的配置效率。

不仅如此，线上教育带来的教学空间重构与场景体验升级，也能够在“点”上实现高效的教育支援。例如，无锡部分学校通过线上课堂进行远程支教。2020年6月，无锡通德桥实验小学和新疆阿合奇县团结小学通过中国移动“5G+云视讯”

的模式，进行了一堂跨越4700公里的教学课，让优秀的志愿者老师与偏远山区的孩子们“零距离”互动，可谓千山万水只有一“屏”之隔。

线上教育在效率提升和资源配置优化上释放出了巨大的价值，与其说线上教育是线下教育的补充，不如说它是一种突破。我们相信，未来线上教育必然将与线下教育有机衔接，从新鲜感走向新常态。

第 2 节　智慧校园：学习的“监控室”还是教育的“乌托邦”

究其本质，教育的最终落脚点还是校园。

校园创立的初衷就是“效率”二字。把所有的学生聚集到一个地方，用有限的教育资源对他们进行统一的知识传递。同时，封闭式的校园可以实现更高效的管理和督导，最大限度地释放教育资源的价值。

更为重要的是，校园提供了一个社会化的学习场景。在这个场景中，学生要应对的不只是学习与考试，还要处理人际关系、竞争压力与环境适应等种种复杂问题，而这是线上教育无法实现的。从这个角度讲，校园赋予了教育灵魂。

毫无疑问，校园是教育最好的实践场，而智慧校园则是智慧教育发展的必经之路。但我们不禁提出一个疑问：在智能技术日益发展的今天，教育资源得到了极致的配置，教育效率也大大提高，那么校园原本所承担的职责、功能与扮演的角色，在未来的智慧化过程中，是否应该被颠覆与重建?

被监控的“学习机器”

智慧校园不是智能校园，更不是“监控室”。

一个不争的事实是，虽然智能技术为教育场景带来了不计其数的科技功能，但很多智慧校园不但没有用它来提高学生的学习能动性，反而将他们更严密地禁锢起来。

比如杭州某中学引入所谓的“智慧行为课堂管理系统”，通过安装在教室里的组合摄像头，实时监控与采集学生的课堂表现，包括阅读、书写、听讲、起立、举手和趴桌子等行为，以及害怕、高兴、反感、难过、惊讶、愤怒等数种表情。这些肢体动作和面部表情数据都会储存至后台，通过大数据分析，计算课堂实时考勤与行为记录等数据，以此考评课堂效果。

更有甚者，他们不仅监控了学生的行为，还试图为学生戴上思想的“枷锁”。

浙江金华一所小学就上演了魔幻的一幕。教室里稚嫩的孩子们都戴着头箍，头箍上有一盏小灯不断变换着颜色，红色代表专注，蓝色代表走神。

据了解，这个头箍采用了脑机接口技术，核心在于通过采集大脑中的生物体征信号，把生物体征信号和人类的意识进行连接和解读，从而通过外界设备来读取大脑信息，以此进行专注力评分。这种基于课堂表现的“注意力分数”，会像考试成绩排名一样被定时地推送到老师和家长的手机上，以便他们了解孩子学习的认真程度。

这些智慧校园的基本逻辑是，希望把专注程度和学习效率简单挂钩，通过“优化”掉与学习无关的动作，提高学生的课堂效率。但人的思想是极为复杂的，动作表情和心理活动并不会完全体现出直接的关联，以目前的技术来分析学生的学习状态必定是不精准的。

退一步说，就算通过智能设备能提高学生的专注度和课堂纪律，也未必能将其转化为有效学习。而且这种方式有一个严重的副作用：面对长期监控，学生可能不得不进行“自我表演”，进而加大了引发心理和精神问题的风险。

“监控等于智慧”无疑是个伪命题。可即便如此，很多学校、家长和技术供应商们还是趋之若鹜。似乎相比学生的综合教育全面成长，他们更关心学习成绩，甚至把学生当成了“学习机器”。归根结底，这不是技术问题，而是思维问题，如果学校无法转变自身“监管者”的角色定位，智慧校园便无从说起。

智慧“化”校园

不谋全局者，不足谋一域。智慧校园是一道考量系统思维的大题，比起贸然入局，找到核心方向才是破题的关键。

关于校园的智慧化，很多人都把“智慧”当成了重点，采购智能的教学设备，使用先进的教学软件，甚至不遗余力将校园空间改造成科技感十足的教学场景……但这些始终只是披上了智能的“外衣”。殊不知，“化”才是智慧校园的关键，智能化设施只有与学校的教学、科研和管理活动深度融合，通过良好的顶层设计，才能解决实际的系统问题。

基于此，我们可以对智慧校园下一个基本的定义：通过无处不在的由智能化传感器组成的物联网，实现对物理校园的全面感知及数据获取，并通过大数据与人工智能技术，打造的一个全面释放教育价值的生态场景。

一方面，在万物互联的校园场景下，智能教育设备可以发挥巨大的效能。比如门禁系统、人脸识别技术为校园安全穿上了保护衣；教室之间可以进行大课堂联动；学生也可以在教室远程操作实验室设备完成课题等，从本质上实现人机互融。

另一方面，在人机协同的过程之中，采集大量的校园数据，也可以为学生提供更加人性化的服务。比如，华南理工大学上线的“华工信使”系统，除了可以及时推送学校通知外，还能实时更新师生的健康状况，在新冠肺炎疫情防控期间也发挥了重要的作用。

智慧校园更像是一个开放、融合的创新平台，它负责提供软、硬件技术设备与数据网络资源，为师生提供最优的教学环境；而在这样的生态下，大量的教育应用也得以开发，让教育体验感达到极致。

2020年7月，华南理工大学为本科毕业生打造了一份专属的“电子成长档案”。它通过整合学生在校就读期间的多方数据，以生动活泼的微场景插画，呈现学生个人在校的点滴回忆，展现了学生从初入校园到毕业告别的全过程。这种走心的定制化“教育档案”，很好地体现了智慧校园的温度。

在智能化的“外衣”里，也需要顶层设计的内生驱动力，只有在内外结合的生态场景下，调动全校师生的力量共同参与，才能最终实现智慧校园。

教师的价值重塑

校园智慧了，教师何去何从？

毫无疑问，技术为教育带来的价值与意义是跨时代的。在智慧校园的发展进程中，机器展现出日益强大的教学能力，并逐渐渗透到教师的工作中。我们发现，在某些方面，机器甚至比教师表现得更为出色。

比如批改作业，这是教师的一项重要日常工作，工作量大而且重复性高。对教师而言，工作量大其实并不是最大的痛点。教师批阅作业是为了考核学生阶段学习的成效，进而思考出针对性的辅导方案。显然，传统的教师批改并不能高效地达成这一目标。

我们反观以数据模型为核心的智能机器，似乎更容易应对这一局面。它们不但可以快速、精准地完成作业批改这一复杂工作，还可以在批改的过程中采集所有学生的学习数据并实时分析，为每个学生制订更具个性化的学习方案。

既然机器如此智能，那么教师的意义在哪里呢？我们说校园教育的最终目的是立德树人。在智能化时代，教师教授知识的职能在一定程度上可能会交给机器，但育人却是机器无法实现的职能，品格的锻炼与价值观的塑造都需要教师以人性化的方式进行引导与影响。

未来的智慧校园，一定是人机协同的教育生态。教师的角色也将从“教学管理者”变为“教育研究者”。

在技术上，教师要站在更高的教学维度上，帮助机器变得更智慧，为学生提供更系统、更专业的教学解决方案。在方式上，教师要研究如何创新更具体验感的学习方式与模式，激发学生的主观能动性。

校园是一个比家庭更广阔，又相对安全的学习与社交场景。当教育改变了思维，教师转换了角色，学生从“被动学习”转向了“主动学习”，这个场景才是我们构想中的“教育乌托邦”。

第 3 节　办公室之变：探索未来办公新边界

在新的技术浪潮下，一场办公室变革正悄然发生。

随着5G网络的深化，工作时间和空间限制被不断打破，远程办公、在线工作、云上会议等一系列创新办公模式成为现实。但是，这些应运而生的办公模式“弄潮儿”，能否解决最核心的问题——提升工作效率，仍存疑问。

远程办公的基因难题

一场突如其来的新冠肺炎疫情按下了远程办公的加速键。

停工停产期间，几乎所有企业陷入停滞。远程办公像一根“救命稻草”一样，缓解了企业复工复产的燃眉之急。

微软在尝到了远程办公的“甜头”后，做法更是激进。即便在疫情得到控制后，微软也允许员工每周不超过50%的时间可以在家办公，并且在不影响工作的情况下可以到国外工作，公司甚至给予远程办公的费用。

的确，远程办公带来了超高的性价比，最直接的效益就是省去了早晚高峰的通勤，员工有了更多可以自由支配的时间，来做更多的工作以及更好地陪伴家人，大大提升了工作和生活的体验感。

而企业则看到了更长远的价值。人才问题一直都是企业发展的核心痛点，如果打破空间束缚的远程办公模式可以常态化，那么像微软这样的科技巨头们将可以在全球范围内招揽人才。

总部位于澳大利亚的跨国公司Appen，专为人工智能企业提供数据服务，除了公司总部的员工外，Appen在全世界拥有100多万名数据采集师和标注人员，他们分布在澳大利亚、中国、美国、菲律宾和英国等国家。Appen的运营模式是，总部平台派单，各地员工在当地通过网络领取任务，并进行相关数据采集和标注工作，然后上传系统，经过平台质检，总部再统一把数据产品交付给客户，整套流程都以远程办公来实现。

但是，远程办公也存在局限性。一方面，在技术层面上，多对多的云会议模式还不够成熟，无论视频还是语音，都无法达到线下会议的效率；另一方面，由于远程办公让工作与生活间缺乏明确的界限，长此以往，人们容易产生焦虑感和疲惫感。而最重要的是，远程办公很难形成齐心协力、攻坚克难的企业文化，不利于激发员工的热情和创造力。普华永道和爱德曼等多家机构的研究显示，相比完全的远程办公，大部分工作者更倾向于传统线下与远程线上相结合的混合办公模式。

显然，成本的性价比与工作效率并不能完全画上等号。社交属性是人们的基本属性，对他们而言，工作也是生活的一部分，需要仪式感，如何通过有温度的办公模式激发人们的创造力与主观能动性，才是未来智慧办公的核心命题。

理想空间的治愈力

工作就像一座围城，每日奔波于公司的人渴望在家办公，而长时间居家办公的人又怀念办公室的“那杯咖啡”。这种微妙的矛盾，是新冠肺炎疫情期间大多数人工作心态的真实写照。

对很多人而言，工作是一种精力消耗。如何提高办公效率，减少消耗是智慧办公需要考虑的重点，但更重要的是考虑如何为工作者源源不断地提供能量。就像办公室的“那杯咖啡”，当你工作到疲惫，起身冲一杯咖啡，跟遇见的同事打个招呼，闲聊几句，顿时又觉得充满了干劲儿。

远程办公解决了部分工作的效率问题，但只有线下办公才具备空间的“治愈力”。我们应该做的是，利用智能化技术打造更理想的办公场景。

试想一下：从你通过AI面部识别进入公司开始，当日所有的工作都自动生成任务清单推送至你的办公终端；而工作一段时间后，系统会提醒你应该稍作休息，然后“联络”智能咖啡机冲好咖啡；下午由于天气与温度的改变，系统自动将工位的灯光、空气湿度等调至最舒适状态；下班前，系统会总结你一天的工作完成度，并给予调整意见。

一切智能化应用都是为了给员工提供最理想的“治愈服务”。同时，大数据与物联网的结合，也全方位提升了公司的管理效率。

智慧办公系统通过对水电能耗、会议室使用、访客来访记录、工位使用率和员工在岗离岗情况等数据进行实时监测与分析，从而对整个办公空间进行一体化智慧管理。举一个简单的例子，下班后，空间设备感应到办公室所有人都已离开，于是桌椅自动归位，电源智能关闭，整个办公空间重回原样。

不论是企业管理者，还是企业员工，未来智慧办公的核心必定是“以人为本”。治愈力激发创新力，理想化的办公空间将会是所有企业追求的终极目标。

共享也是一种智慧

智慧办公的内在逻辑是通过有效的解决方案，激发工作者最大的生产力，释放最大的商业价值。

智能化设备和智慧办公系统的引入是实现智慧办公的基础条件之一。但就目前的商业大环境来看，每个企业都打造一个

“理想中的办公室”还不现实，那我们该如何转变思维创新模式呢？

共享办公空间就是另一种解决方案。一方面，一二线城市的办公楼租金持续增加，对很多中小企业而言是一个不小的负担；另一方面，传统的办公室已经无法满足“新时代工作者”们对办公环境的诉求，他们需要科技，更需要资源。

不同于传统的物理空间，共享办公空间是一个“物理空间+服务+社群”的综合智慧空间。工作者们不但能够共享空间内的办公区、休闲区与娱乐区等功能分区服务，空间主体还会不定期地组织主题分享会和交流会等活动。共享空间之外，更共享资源，共享办公空间营造了一种新的生态氛围。

重庆来福士奕桥Bridge+就是重庆与新加坡在2019年联合创建的一个共享办公空间，主要促进两地商业合作。Bridge+的空间配套了专业茶水区、咖啡区、母婴室、游戏室、休息区和会议室等多个功能区，并打造开放工位、独立办公间、经理套间以及一线江景办公室等多种户型，满足各类企业及其工作者的需求。

此外，共享办公空间也可以通过智能化系统，实现空间利用率的最大化。

比如，共享办公空间里是没有固定工位的，每个人使用工位前都需要在系统上提前预约，空间按照功能区实现最优分配，当你离开后系统自动安排下一个人使用，以免造成工位空置。同时，共享办公空间还可以聚集生态相关的从业者，在一定程度上可以通过系统实现资源和业务的内部运转，从而创造更大的商业价值。

在新技术、新模式与新思维的冲击下，人们的工作与生活在不断地发生变化，无论是远程办公、智慧办公还是共享办公，智慧办公变革的最终目的终究是最大化地释放生产力，以及在这个过程中持续提升人们的积极性与幸福感。

第 4 节　上云赋智，如何打造智慧创业新生态

不出色，便出局。智能时代的变革背景下，企业未来的智慧发展正面临历史性的机遇与挑战。

一方面在微观上，企业如何不断突破技术与模式进而实现智慧化创新？另一方面在宏观上，如何通过大数据、人工智能与区块链等技术，构建以赋能与服务企业为目的的智慧生态？这都是时代赋予的新考题。

用 AI 创造 AI

一个不争的事实是，无论智能化技术如何先进，就目前而言，人工智能的前提依然是人工。

这也是绝大多数科技企业面临的核心问题。如今，大数据与人工智能技术带来的算法模型已成为各行各业的标配，比如制造业需要工业生产模型，金融业打造风控模型，医疗行业更是不断探索诊断模型甚至基因模型等。

但是，算法模型的开发应用过程却是相当复杂和烦琐的。从数据质量检测、特征工程建设、算法选择、模型训练、参数优化到模型优化，每一个环节的决策对最终的实际应用效果都至关重要。所以，寻找最佳算法模型一定是一个大量试错的过程，需要耗费大量的技术、人力资源和时间成本。

那么，能否通过技术手段来解决这一技术问题呢？在建模

的过程中，如果利用智能化技术使各个流程的环节实现高度自动化，用AI完成数据筛选和算法选择等复杂环节，并完成模型的自动训练，就可以用最快的速度匹配到最佳模型，从而让AI创造AI。

总部位于美国硅谷的R2.ai，就是聚焦自动化机器学习的公司。它通过自动算法集成与模型调参技术，可以实现从数据清洗到模型搭建全过程的AI自动处理，且精准度极高。在一项预测与评估糖尿病风险的医疗项目中，人类科学家通过数月建立的诊断模型的准确率只有78%，而R2建模仅用不到1小时，却获得了高达89%的准确率。

实际上，对很多科技企业而言，最大的难点是，技术人员不懂行业，行业专家又不懂技术，二者之间的割裂导致企业很难找到最适配行业的算法模型。

AI建模的方式还可以将行业经验与数据需求自动转换成解决方案，大大提升业务服务效率。换句话说，只要你对行业数据有一定理解，哪怕没有技术基础，也可以通过AI平台快速完成建模，从而满足实际业务需求。

我们试想一下，一家提供定制化服装设计服务的企业，在接到客户烦琐多变的设计要求后，设计师可以通过这种AI平台，快速将设计理念转化成多款富有创意的模型，从而设计出最符合客户需求的产品。

毫无疑问，未来AI将进一步展现其创造力，而既懂技术又能快速捕捉行业痛点需求的复合型人才，将会是企业的核心竞争力。

搭积木式创新

如果把智能时代拆解开来，其实就是一个代码的世界。一切智能化程序与系统都是由一行行代码构建而成的。在新一代信息技术催化下，“代码效率”决定了一家科技企业技术创新的效率。

近年来，西门子花重金收购了低代码应用开发平台Mendix，阿里和腾讯都推出了低代码开发工具平台。“低代码开发”似乎成了全球科技公司的必备利器。

什么是“低代码开发”呢？简单概括，就是无须代码或者只需要很少的代码就能快速开发出应用程序。

实际上，传统的开发方式需要技术人员在每一个架构和基础功能上编写代码，涉及大量重复性的工作，速度慢且出错率高。“低代码开发”则是首先把各种代码封装成各个组件，然后根据各种实际开发任务，把各个组件组装起来，快速响应业务需求。

这就像搭积木，开发人员只需要根据实际需求，把各个积木模块搭建成楼房、城堡和大桥等最终应用形态，而不用再从零开始敲代码。这样一来，就大幅降低了技术开发的成本。

例如，加拿大的一家大型医疗机构开发智能排班业务功能，以往需要3个程序员用两天时间才能完成，而通过“低代码开发”平台，只需要一个程序员花20分钟即可完成。

区块链更是“低代码开发”的一片热土。在纳斯达克上市的Coinbase是全球最大的数字货币交易平台，它的背后是20多万行代码，以及1400个技术人员进行开发维护。而创新型的数字货币交易平台Uniswap，则仅仅用11个技术人员写了500行代码，就实现了跟Coinbase差不多的每天六七十亿美元的日交易量。

这是怎么做到的呢？实际上，Uniswap采用了区块链底层技术，只用少量的代码就开发出一个去中心化的顶层构架，然后像搭积木一样嫁接各种钱包工具与跨链协议等功能板块，最终形成一个多方参与的应用生态，大大缩减了开发时间和成本。

未来，围绕“低代码开发”展开的搭积木式创新，将大幅降低企业智慧化升级的技术门槛，同时也会带来企业运营效率的大幅提升。

为中小企业保驾护航

企业经营不是单打独斗。

一个现实的问题是不少中小企业受困于技术场景与各类资源的局限，最终导致项目无法落地。中小企业是经济与就业的基础，在这样的背景下，以赋能中小企业为目标的政府引导下的各类智慧孵化服务平台就凸显出了重大意义。

贵阳市高新区联合多家机构创建了人工智能开放创新平台——AI圆梦工厂。“工厂”内包含创新共享平台、孵化服务平台、高校人工智能实验室和技术检测平台等，企业不仅能获得强大的技术支持，还可以获得免费的数据场景、边缘芯片与服务器等诸多资源。

换句话说，企业缺啥，平台补啥。比如一个聚焦智慧医疗行业的团队，在开发“智慧医保”项目时需要大量医疗图像病例等数据，AI圆梦工厂可以提供相关的数据场景，并一路开绿灯，辅助企业产品快速落地。最终，不到两年的时间，一款基于行为分析的大数据医保欺诈人工智能检测产品就成功面世。

对于中小企业，除了找准技术与场景的风口外，还需要借力政策。但实际情况往往是，面对上至国家下至省市的各类政策，中小企业后知后觉。一方面，它们缺乏对政策的敏感度；

另一方面，它们难以判断自己能够匹配什么政策，从而错过了很多支持政策。

重庆市九龙坡区就依托重庆市大数据人工智能创新中心，打造了智慧化的惠企服务平台，利用大数据智能化技术，为中小企业提供政策精准推送，帮助企业提早规划、提早准备以及有针对性地进行项目申报，大大提高了中小企业申请政策资金的效率，也从政府角度实现了精准施策。同时，这个平台还通过数据共享通道和大数据风控机制，实现金融机构与中小企业数据的全面对接，解决了中小企业“融资难、融资贵、融资慢”的问题。平台上线仅半年，就为九龙坡区内的企业提供了132笔贷款，共计3.7亿元。

无独有偶，重庆市垫江县也打造了以“普惠金融”与“政企匹配”为核心的“垫小二”企业服务云平台，提升优化了营商环境。同时，该县还帮助中小企业低成本、高效率地推进“上云用数赋智”行动，实现了600多家企业同上一张网，3.2万台设备同上一朵云，形成了区域性普惠型工业互联网平台，促进产业发展，支撑政府决策。

政府搭台，企业唱戏，这无疑是中小企业发展的最好时代。

第 13 章　游：科技与人文的诗与远方

第 1 节　智慧出行：动态和静态的想象空间

1956年，通用汽车拍摄了一部名为“为梦想而设计”的广告片，里面描述了这样一个未来场景：

自动汽车穿行在城市道路的各个角落，男女主角依靠手势操控汽车，通过导航系统和语音助手与指挥中心交流路况信息，闲暇之余则谈情说爱。

理想照进现实。如今导航系统、语音交互、无人驾驶已经应用于汽车领域，并衍生出智慧化的出行体验。从动态到静态，从共享到融合，智慧出行在未来的模样已经逐渐清晰。

动态与静态的智慧

要实现真正的智慧出行，必须做到动态（各种出行方式）与静态（车主服务）场景的智慧化。

在动态方面，非破坏型创新才是真正有价值的市场养料。

过去，出行领域存在野蛮竞争，比如共享单车的严重重复投资与过度烧钱补贴。而如今趋于理性的市场开始在高频与高黏性的场景中，通过自动驾驶、人车协同与车联网等新兴技术为用户提供更便利的服务。这远胜过单纯依靠补贴来争取用户。

在静态方面，产品体验需要跟上技术的进步和模式的创新。以停车为例，窄带物联网因为使用频段闲置的通信网络，成本比自行开发软硬件的ETCP停车App更低，特别适合用于停车这种不涉及视频与音频等大数据量的简单信息交互活动，更适用于未来的智慧停车场。

无论是动态还是静态，智慧出行都不是凭空产生的概念，它的基础是智能出行。从智能出行到智慧出行，是出行理念上的一种升级。

我们仅从定义上来看，智能出行是通过实时采集、传输和存储交通信息，对各种交通情况进行处理，强调的重点是人为调节。而智慧出行则是依靠云计算、大数据、物联网和人工智能等技术，实现对城市轨道交通、公交系统和自驾公路的智能化管理，不仅需要数据和信息，还需要厘清人车路的关系。

因此，智慧出行面对的并不是单纯的交通状况，而是一个“社会与技术”的系统，实际上要解决的问题是社会不同群体、不同行为主体之间的利益分配与调控，以此实现真正意义上的对交通资源的均衡分配。

美国交通专家布鲁斯·夏勒的一项研究结果表明，打车软件的盛行可能加剧城市交通拥堵。这是因为提供打车服务的汽车，约有45%的时间处于空车运转状态，也就是说，有很多没有乘客的空车在繁忙的街道上行驶。

虽然借助技术手段能够在一定程度上改善交通状况，但是如果忽视了具体场景下人的影响，就无法从根本上解决出行这一社会问题，智慧出行也就是空谈。

等待升级的感官系统

地理信息技术是智慧出行的感官系统。从每一个路口的交通灯，到车辆的定位装置，再到行人的移动设备，随着出行需求的不断提档，对地理信息的准确度的要求也水涨船高。

为什么这么说呢？举一个简单的例子：供辅助驾驶员导航使用的电子地图，其绝对坐标精度一般在10米左右；而应用在自动驾驶领域的高精度地图，其绝对精度则要求在0.2米左右。

与普通电子地图相比，高精度地图能够实现地图匹配、辅助环境感知和路径规划功能，蕴含了更为丰富的静态和动态信息。由此可见，高精度地图是智慧出行的充分必要条件。

2019年，华为发布了Cyberverse技术，融合了3D高精度地图、空间计算、强环境理解和虚实融合渲染等功能，在“端管云”融合的5G架构下，使手机可以解算出自己的厘米级定位，实现高精度地图测绘和AR步行导航等功能。

除了精准定位之外，地理信息技术还与空间位置、交通设施、交通空间密切相关。从用地规模、用地性质对交通需求的影响，到交通路径、轨迹的连续性和平顺性分析，地理信息技术肩负着智慧出行在空间感知上的使命。

“明镜”是高德发布的交通运行评价AI系统，从空间、时间、强度三个维度对城市交通状况进行评价。比如，空间坐标体系涵盖了路网缓行里程比、常发拥堵路段里程比等信息，这些数据已经由地理信息演进为“时空数据”。

未来的地理信息技术一定是语义化的，并且与自动驾驶和增强现实技术深度融合。所谓语义化，就是指地理信息技术能够通过自我学习，完整且动态地了解周边的地理信息，主动、实时地告诉出行者“哪条路才是通向罗马的捷径”。

共享出行的想象空间

近年来，共享是智慧出行的一大趋势。无论是分时租赁、P2P租赁、顺风车，还是快车和专车，智慧出行都在不断探索最有价值的共享模式。

不过，这些探索方向多是围绕流量来创新的。随着行业的不断成熟与相关技术的突破，智慧共享出行在未来还将创造出哪些机遇呢？

一是构建MaaS（出行即服务）生态圈。

MaaS主张从出行工具到出行服务的消费转变，以数据衔接出行需求与服务资源，使出行成为一种按需获取的即时服务。注重端到端出行体验的智慧化，通过连接旅游、交通、酒店和餐饮等各领域企业，将共享出行与生活服务进行智慧融合。

2021年2月，广州黄埔区与百度联手打造了全球首个自动驾驶MaaS平台，将自动驾驶出租车、无人驾驶巴士等5种出行服务集成，通过平台为用户推荐合适的自动驾驶出行方式。丰富的自动驾驶出行方式满足了黄埔区市民游玩、购物的不同需求。

二是提供购车的前置出行体验。

随着车联网和无人驾驶技术的发展，共享汽车为乘客提供了一个新的购车场景，整车厂可以通过共享汽车平台的大数据来分析用户属性，用户也可以通过使用共享汽车完成一次深度试驾。相较于其他场景，该购车场景的效率更高。

GoFun出行就曾与大众汽车联合推出试驾活动，活动共回收近8000份有效调查问卷，其中有购车意向的客户占比达57%以上。同时，大众汽车也从活动中搜集了大量用户数据，为设计生产更多符合消费者需求的车辆提供参考。

三是打造货运出行智慧化平台。

随着共享出行模式的成功，企业也开始将业务从“载客”到“载货”的方向拓展。2017年，某货运平台通过在货车上加装传感器，利用大数据自动匹配车源和货运信息，进而取代效率低下且不透明的人工调度，不仅降低了货车空载率，还帮助货车司机看到更透明的信息。

随着智慧出行的不断成熟，引入专业化车队管理也将成为一个必然趋势。车队管理可以通过车联网及时为共享出行企业提供清洁、加油、日常运维及深度维修等贯穿车辆资产全生命周期的服务，进而使端到端出行服务更高效、更低损、更智慧。

第 2 节　从门票到产业，智慧景区如何蝶变

智慧景区是智慧旅游建设的第一步，也是最重要的一步。

智慧景区是“数字景区”的完善和升级，能够实现可视化管理和智能化运营，能对环境、社会、经济进行更透彻的感知、更广泛的互联互通和更深入的智能化。

由此可见，“智慧”之于景区，不仅是信息化和智能化的结果，也是人文与自然和谐发展的低碳运营，更是科技应用和情感需求结合的诗与远方。

“远中近”场的智慧体验

什么是智慧景区？

2020年，携程发布了国内首个智慧景区“服务标准”和“友好指数”。对于游客眼中的智慧景区，携程给出的答案是：购票无障碍、入园很便捷、游园可指引和售后有保障。

显然，这样的答案还不够全面。从游客的角度阐释，智慧景区代表的是一种新的体验方式；从全流程和全场景的角度阐释，智慧景区可以分为“远中近”三个场景的智慧化。

首先，“远场”指的是通过“社交+内容消费”的方式来吸引用户的数字化营销场景。

在“远场”方面，“网红故宫”就是典型案例。从2014年的《雍正：感觉自己萌萌哒》，到2016年的《我在故宫修文物》，再到2017年的央视综艺节目《国家宝藏》，故宫借助互联网平台不断出圈，利用漫画、游戏、表情包和音乐来感染年轻消费群体，并孕育出“故宫淘宝”与“故宫彩妆”等品牌IP，让故宫在远场就成了热门的旅游景区。

其次，“中场”指的是跨业态的无边界场景，即出行、餐饮、酒店和景区等跨业态之间的智慧联动。

广州的长隆欢乐世界将所有游玩项目，餐饮、购物与酒店等服务在线上线下打通，比如酒店可以通过小程序发放优惠券、公众号推送消息等互动方式，激活存量用户，促使其在景区里进行餐饮消费与购物等。通过大数据实现的全场景无边界运营，既为游客打造了新的旅游方式，也优化了景区的收入结构。

最后，“近场”是指游客在景区中的智慧体验场景，包括智能闸机、数字化地图、VR视镜和语音讲解等服务。

以旅游厕所为例，江苏徐州户部山景区研发的旅游厕所智慧监管平台系统通过安装物联网设备，实现了厕所导航、厕位监测、一键呼救、适时换气、水电节能和环境检测等功能，不仅让旅游厕所的运行更加节能环保，还提升了景区在精准管理上的效率，更让游客真正感受到智慧景区的服务细节。

从门票经济到产业经济

2013年4月，湖南省凤凰古城开始实施捆绑售票，游客进入古城需要购买148元的门票。这一举措引发了多方关注：景区经济是否只是“门票经济”？

从表面上看，门票经济显示了景区“产品单一”和“管理落后”的问题，但其背后是景区对资源的运营程度不足、旅游管理系统不够完善以及旅游产业发展落后的现实。

从景区运营管理的角度出发，门票经济向产业经济的转型或许是智慧景区的蜕变路径。

什么是产业经济呢？产业经济侧重于由景区本身带动内部其他业态的经济增长，并通过降低成本来获取最大的收益。

比如，票务系统通过在线销售渠道和闸机检票，在票务端减少了景区的人力成本，减轻了服务压力。由此可见，数字化和智能化是景区产业经济增长的利器。其中，“预约旅游”就是智慧景区的入场券和切入点。

2020年11月，文化和旅游部、国家发展改革委等十部门联合发布了《关于深化“互联网+旅游”推动旅游业高质量发展的意见》，提出加快建设智慧旅游景区，明确在线预约预订、分时段预约游览等建设规范，并落实“限量、预约、错峰”要求。

如何实现呢？首先，景区要利用票务大数据建立配套的弹性门票预约机制；其次，景区要及时准确地发布限流信息，引导游客错峰出行；最后，景区可在出入口和游览路线设计上，引导游客相向游玩，减少同向游玩。

景区通过预约旅游达到精细管理，同时能够合理地分配人流量并提高服务水平。另外，从景区保护的角度来看，文物保护类和生态类景区也能通过预约旅游，避免人流量过多造成的损耗和伤害。

当然，预约旅游只是智慧景区的初级形态，是门票经济向产业经济升级的第一步。未来的智慧景区一定是从单一游览景区向综合性景区发展，以景区为中心向周围目的地扩展，从浅层的视觉旅游向深层的沉浸旅游转变。在“景区+技术”的硬性体验上，融入“景区+文化”的感性体验，这才是未来景区真正的智慧化方向。

避免“为智慧而智慧”

令人遗憾的是，虽然不少景区已经认识到大数据、智能化的重要性，但目前业内依然没有统一的设计范式。这也意味着智慧景区很容易陷入不智慧的陷阱。

这个问题反映到现实中，就是部分小景区出现了“为智慧而智慧”的情况。哪怕只装了一套无联动的人脸识别通道闸机，这些景区也要漫天宣传自己是智慧景区。

与地铁购票设备类似，闸机识别的只是单一产品，由于不能与外部实现对接，对平日票、周末票、亲子票和“门票+交通”等多种门票形式和打包产品，闸机难以逐一识别，显然无法满足游客的个性化要求。

另一个对智慧景区的误解是“安装了电子票务软件就等于实现了标准化”。电子票务软件虽然解决了景区票款、财务对账、游客排队和分销商对接等难题，但是安装了电子票务软件是否能合理、充分地解决景区的痛点仍存疑。

优秀的景区电子票务系统供应商，其产品实现标准化需满足三个条件：领先的互联网思想和IT技术、丰富的旅游行业经验、足够的企业管理经验。企业管理经验尤其重要，产品只有设计得符合企业管理实际，才能将景区的采购、安检、财务和票务等多个部门进行有效融合，实现标准化管理。

旅游是一门与人打交道的生意，智慧景区不能只注重前端的技术能力而忽视了后端的生产资料。实际上，不少景区重金打造智慧景区，却仍然屡屡出现节假日游客人山人海，严重超过景区负荷的状况。

问题出在哪里呢？景区明明花了大价钱配置停车系统、监控系统、票务系统和电商系统等一系列软、硬件设备，可在实际管理过程中，景区运营依然停留在原始阶段。

问题还是出在对数据的利用上。由于各服务商使用的数据接口各异，数据类型繁多、来源无法统一，很难对数据进行综合处理和分析，景区无法直观地看到入园客流与停车数量的对比，也无法看到核验票数与当日售票数之间的差异，甚至不同业务无法直接关联起来，数据价值也就无法得到真正发挥。

因此，智慧景区需要从源头开始，在全域范围内统一数据标准，通过数据整合建设景区数据中心，实现景区、景点、酒店和交通等设施的数据融合，再通过智能数据分析为景区管理提供参考依据。

饭要一口一口地吃，“智慧”也要一点一点地建。作为一个综合性的产业生态，建设智慧景区需要避免“重投资”和“炒概念”，也要摒弃偏见、消除误解，警惕技术和数据背后的陷阱。

第 3 节　智慧酒店：既是科技校场，也是人情世故

消费者追求个性化的住宿体验，酒店业呼吁数字化和智能化改革，市场上各类技术供应商争奇斗艳，智慧酒店俨然成为当下最时髦的名词之一。

然而，热闹的背后是一道道沟壑，是一个个问题。认知壁垒阻碍行业发展，智能化带来隐私安全隐患，智慧应用成为“智慧累赘”，科技没有人情味和美感。面对这些问题，智慧酒店应该如何破局？

从 1.0 到 2.0

智慧酒店到底是什么样的？微信预订、扫码入住、人脸开锁、室内语音控制以及机器人客服，这些场景让智慧酒店的神秘面纱被逐渐掀开。

目前来看，智慧酒店就是通过云计算、物联网和移动信息等新技术，实现经营、管理和服务的数字化和智能化，达到个性化服务和高效管理的目的。

因此，技术成为智慧酒店的重要标签，其中的关键就是全面感知能力。在智慧酒店的场景中，数据采集主要通过传感器来实现，这些数据具有实时性，十分考验传感器对环境和使用对象的感知灵敏度。

另外，无感传送和控制能力也很重要。通过传感器采集的数据量庞大，为了保障网络传送准确和及时，传感器需要适应各种异构网络的协议，通过统一的系统实现对酒店设备的智能控制。

对酒店来说，具备感知、传送和控制能力只是“智慧酒店1.0版本”。那么，“智慧酒店2.0版本”又将具备哪些技术特点和应用场景呢?

一是智能化应用将不断连接，场景将不断丰富。未来，智慧酒店各应用之间的关联度会越来越高，比如床垫与空调、楼宇灯光与日光监测、机器人与外卖服务等原来毫不相干的系统都可以实现智能连接，智慧系统出现全场景覆盖。

二是智慧系统具备自我学习和抽象能力，并形成正向反馈机制。比如住客通过语音下达指令时，系统将住客的语音导入口音识别库，在下一次见面时，欢迎语将自动切换成住客的家乡话，真正做到宾至如归。这些能力是智慧系统深度学习且正向反馈的表现。

三是人工干预的要求越来越低。传感器感知了住客的需求信息和行为特征后，再由大数据和人工智能形成行为的管控系统，系统对人的依赖性显著降低，而控制的可靠性和稳定性不断增加。

四是安全和隐私成为智能化的“达摩克利斯之剑”。比如，智慧系统本身的误报、内部人员行为失检造成的系统误控、外部入侵导致数据失窃以及智能产品和智慧系统带来的住客隐私泄露，都是不容忽视的问题。

无论是客户端还是管理端，智慧酒店2.0版本都需要具备更高维度的智慧，其数据处理能力更强，机器学习能力更高，无线控制精度更高，不仅能让住客获得更智慧的科技服务，还能对酒店管理进行变革式创新。

角力智慧酒店

华住集团创始人季琦曾提供了这样一组数据：中国拥有超

过81万家酒店，2000多万间客房，市场规模达到7000亿元，是全球最大的单一市场和全球增长最快的市场。

市场的快速发展让智慧酒店展现出巨大的诱惑力，出现了以数据、硬件与平台为切入点的三类“玩家”。

依托数据入场的“玩家”以互联网企业为主，它们往往掌握着流量入口和云技术优势，腾讯就是其中的典型代表。

2018年，腾讯与香格里拉酒店集团合作打造智慧酒店，为其提供以“腾讯云”为基础的生态产品，比如旅客可以通过微信小程序办理酒店的所有关键服务，特别是“微信押金”的开通，让游客可以在线补交挂单消费，大大优化了押金支付的流程。

除此之外，依托智能硬件入场的“玩家”背景五花八门，既有做转型产品的传统制造企业，也有做系统集成的科技新贵。

比如，携住科技推出的AIGO智能送物机器人，摒弃了货柜与送物机器人的分离设计，可以将所需物品自动调动至送货机器人的内置送货仓内，通过智能梯控无缝对接，直接抵达客房门口，并通过客房语音设备即时通知客人取货，在业内首次实现自动售货的完全无人化。

我们可以算一笔账，在高端酒店业，人工成本在主要成本构成中的占比高达50%，即使是在经济型酒店，其也占比20%以上。机器人几乎是一次性投入，酒店只需要及时为机器人充电，就能实现机器人全年每天24小时运转。因此机器人成为许多智慧酒店的标准产品。

而最后一类玩家依托平台入场，通过物联网整合智慧酒店的软硬件生态，其中以涂鸦智能为代表。

涂鸦智能是一个AI+IoT（人工智能+物联网）的开发者平台，提供一站式PaaS（平台即服务）级解决方案。在服务酒店时，涂鸦智能整合了海内外智能产品供应商及周边解决方案商，提供一站式软硬件OEM（原始设备制造商）和ODM（原始设计制造商）服务，充分解决原有酒店行业集成商代卖代买问题，帮助酒店行业集成商获取更高毛利，同时也能提升品牌影响力。

智慧酒店虽然正在不断出圈，市场声音也是一片叫好，但是仍然有两个难题横亘在酒店的转型之路上。

第一个是酒店转型的认知难题，特别是在一些中小型酒店，很多管理者认为只要买一个工具就可以解决技术上的问题，这就无法从全局和整体上认识智慧酒店的价值。

另一大难题是系统繁多，数据无法打通并被成熟使用。比如在OTA（在线旅行社）线上预订系统、PMS（酒店物业管理系统）、RMS（酒店收益管理系统）等的选择上，有的酒店使用了不同品牌的不同系统，这样就造成了数据协同管理的效率低下。

科技需要人情味

当前台服务、客房服务、礼宾服务全部实现智能化之后，机器是否真的能取代人？

位于杭州西溪园区的FlyZoo Hotel（菲住布渴）酒店是阿里巴巴打造的首家未来酒店，也是全球首家全场景人脸识别酒店。住客不仅可以在酒店大堂自助刷脸入住，还可以通过机器人享受客房送餐、洗衣和外卖等传送服务，并可在大堂的自助增值税专用发票机打印发票。

然而，如此有科技感的未来酒店却遭受了质疑。有住客在社交平台上吐槽该酒店让人产生了幽闭感，“到处都是冰冷的设备，机器发出的蓝光为这个环境降下了温度，没有情感的机器语音更是让人感到冷漠，无人化带来了人情味的严重缺失”。

机器肯定不能完全取代人。智慧酒店如果一味追求硬件的堆砌而忽略了人情味，不但解决不了消费者的痛点，反而为消费者创造了痛点。

一些智能设备就曾发生过这样的“车祸”：比如需要操作多次才能全部打开的窗帘；白天对答如流的智能语音助手在深夜发出诡异的笑声；功能复杂的黑科技需要旅客花费时间去阅读说明书；仅在酒店住一晚却要在手机上安装各种App；消费者自带的产品无法与酒店系统匹配等。

智慧应用成了“智慧累赘”。之所以会这样，是因为部分酒店希望突破“标配”限制，从同质化的困境中杀出路来，于是借助智慧酒店来创造更多收益，但是根本没有从住客角度考虑这些设备是不是刚需。

从另一个角度来看，智慧酒店适合所有的酒店吗？显然不是。

从服务角度来看，酒店可以分为全服务酒店和有限服务酒店，前者以传统高端酒店为主，强调的是人对人的服务，科技只是附加值；后者以新兴中端酒店为主，强调的是便捷服务，科技在其中扮演重要角色。

以荷兰精品酒店品牌CitizenM为例，作为颇受年轻人追捧的新式酒店，智能化服务是其最大的亮点之一。酒店的形态就像一个社交平台，可以通过智能客服进行人机对话，了解当地网红餐厅和著名景点，并且推荐小众体验路线。一方面，任何需要沟通的事情都能在系统上完成；另一方面，服务不使用机器来替代人，兼顾了科技和人文关怀。

当然，酒店的数字化和智能化转型不是小概念，不是一间客房的转型，而是从旅游行业细分到酒店行业，通过运营、收益、管理、能耗、人力资源和客户信息等各方面的结合，才能形成一个完整的智慧酒店闭环。

科技与人情味从来都不是对立面，智慧酒店最终的目标就是要体现出“科技之美也是一种美”。

第 4 节　大局观与小细节，旅游也有大智慧

从提出概念到落地，智慧旅游相对慢热，毕竟旅游本身的涉及面很广，不仅囊括衣食住行，还包含人文与自然。

旅游行业的信息化与网络化，使旅游信息与资源可以在线上高效地流通与配置，也催生出了携程这样的巨头。但在智能化的维度上，大量亟待升级的线下场景还鲜有人问津。

在这样的背景下，我们需要面对的命题是：智能时代的旅游究竟将带给大家怎样的产品与模式创新？究竟如何从全局着眼、细处着手，进而反哺整个上下游生态的良性发展？

智能设施不变味

智慧旅游不是一个单一的产品，它最理想的模型是：政府提供产业政策引导，景区提供高效的管理服务，服务商提供优质的解决方案，游客的需求得到切实满足。

在实际建设中，智慧旅游却容易变味，特别是对游客来说，许多时候旅游体验并没有因为旅游智慧化变得更好。

智慧厕所就是诟病最多的地方之一。景区厕所解决游客内急问题，一个干净且不用排队的厕所，比一个能显示众多信息的多功能厕所更让人舒适。那些看起来高大上的海拔、温度、湿度等数据的分析，并不能应对游客的切实需求。

为何会造成这样的变味现象呢?

不同的诉求直接导致了智慧旅游建设中很多拧巴的现象。其中，景区和服务商表现得更为明显。

过去，一些景区片面理解政策导向，将智慧旅游建设视作完成指标，不仅盲目追求一步到位，还期望技术一劳永逸，在智慧旅游建设中不断堆砌软硬件设施。

而服务商的直接诉求是获得高额回报。只要满足了景区对智慧旅游的片面期望，就能用一套通用的软硬件打天下，景区要么“削足适履”，要么购买一堆并无多大用处的功能。

真正能让智慧旅游落地生根的途径，还是沉下心来研究旅游的自身规律与场景需求。比如在文化旅游资源方面，刺绣、壁画、纹样等非常丰富的图像类资源，就可以与人工智能的图像识别有所结合。

云旅游不是昙花一现

2020年突发的新冠肺炎疫情给旅游业带来极大冲击，也因此捧红了“云旅游”的概念。一时间云演艺、云娱乐、云直播、云展览纷至沓来，云端化似乎成为智慧旅游的标配。

但是，云旅游是长久之计吗?是否只是疫情阴影下的短暂需求呢?

从本质来看，旅游是一种强体验的活动，技术手段即便再先进，也无法替代现场体验。比如，当我们站在绒布寺仰望珠穆朗玛峰时，那种世界第一高峰所带来的震撼，就无法通过电子屏幕进行传达。

而从经济效益的角度来考虑，云旅游也备受质疑。有人认为，旅游消费与其他消费不同，其具有不可移动性，景区需要通过线下旅游来获得门票收入以及交通、餐饮、购物和住宿等周边收益，而云旅游无法将旅游产业的要素串联起来。

事实并非如此。

首先，云旅游从产品角度提供了可能性：它不再是单纯的景区物理环境展示，而是添加了更丰富的内容，本身就是一种全新的旅游体验产品。

《国家地理探索VR》是一款旅行探险类VR游戏，是国家地理在杂志、书籍与电视节目的基础上的又一次创新。游戏通过高精度的建模，让景区的风景和动物“活”起来，人们可以通过VR这种沉浸式的视觉体验，到世界的不同角落去探险。这款游戏给体验者带来比线下旅游更生动、更丰富、更深度的体验，受到了许多体验者的好评。

其次，云旅游通过商业模式的创新，正在成为一个产业融合的平台。借助云旅游可以将“流量”转变为“留量”，博物馆打开了文创产品的销售渠道，景区也能推销当地的特色产品。

最后，云旅游为创新创业提供了新的场景，一些旅游主播利用直播工具，除了获取带货和打赏收益，更能输出文化价值。比如2020年11月，时任新疆昭苏县副县长的贺娇龙身披红斗篷，飒爽策马，为当地旅游项目代言，火遍全网。

由此可见，云旅游和线下旅游并不是一种完全排斥或替代的关系，而是一种互补互促的关系。

线上的导流作用、信息反馈作用、信息深化作用，给旅游的宣传推广和深度体验提供了更丰富的手段。同时，线上线下融合的云旅游拓宽了旅游业发展的模式，使旅游业能够更好地向多元化、层次化、动态化发展，从而重塑旅游价值链。

全域化的荆棘之路

未来的智慧旅游形态是什么？也许我们可以畅想一下：

某一天，你通过手机上的智慧旅游助手，选择了大同悬空寺的“古代木结构建筑之旅”。智慧旅游助手自动完成火车票和门票的预订，一辆网约车会按时接你去火车站，到达目的地后刷脸进入景区，系统自动为你生成“榫卯木筑”的主题线路，你通过智能导游了解背景文化，甚至利用VR技术亲历悬空寺的修建过程。

手机终端、在线票务平台、打车软件和景区智能设施的融合，是智慧旅游全域化的一种发展模式。这种智慧旅游模式不仅突破了文旅项目管理工具的范畴，还能与智慧城市密切联系起来，打通城市的各个数据端口和智能节点。

大理古城是一个开放式的旅游目的地，进入古城不会收取门票。在旺季时，几条核心动线上的游客十分密集。游客们的景点游览数据会反馈到政府部门的管理系统中，进而形成人流热点图，为相关的预警和疏散提供动态信息。

另外，如何既保护古城建筑又满足游客的观光需求，是管理部门需要解决的问题。

以崇圣寺三塔为例，作为首批全国重点文物保护单位，崇圣寺三塔已不再允许游客登塔。为了让游客不虚此行，2021年建设的大理首个数字文物复原系统项目“5G+数字三塔”，通过AR技术还原了三塔内部景观及登塔过程。

事实上，智慧旅游的全域化发展是一项自上而下的工程。比如底层交通数据存储于公安和交通部门系统中，而景区自身并无渠道与权力去获取这些数据，服务商更是如此。

那么，有没有一种自上而下的智慧旅游发展思路呢？

2018年，中国国际智能产业博览会（智博会）永久落户重庆。为了扎根和延伸智能化的种子，由政府顶层设计规划的礼嘉智慧公园引入大量智博会的体验项目，在青山绿水间打造了

“绿色+智能”的旅游和生活场景。

无人巴士在公园道路上自由穿梭，遇到行人及时停让；高清摄像头实时跟踪游客的运动情况，通过道路屏幕呈现热量消耗数据；红外线感知设备随时监测温度，连接喷雾设备降温驱热……礼嘉智慧公园成为城市旅游的新选择，更是重庆“智慧名城”建设项目的重要组成部分。

在过去“地产+智慧旅游”“游乐场+智慧旅游”等捆绑式的“玩法”中，所谓的智慧只是点缀。而真正意义上的智慧旅游需要融入智慧城市建设中，在更大的全域化框架之下，为技术服务商开放相应的应用场景。

尽管智慧旅游无法解决旅游中的所有问题，但这绝对是未来旅游业发展的一个方向。智慧旅游建设需要更加合理的模式，这值得各方深入思考。

第 14 章　乐：迈向数字文娱的黄金时代

第 1 节　从助跑到起飞，数字文化的已知与未知

纵观人类的历史，文化与科技之间从来没有明显的分界线。

科技进步加快了文化发展和演变的进程，而文化则作为科技的载体，又反向推动了技术的革新。如今，一个强盛的国家既要拥有辉煌灿烂的文化，还要时刻饱含对科技进步的渴望。

智能时代的一个明显标志是“数字文化”接过了“互联网+”的接力棒，成为联结科技与文化的强大纽带，并在真正意义上实现两者的融合发展。

告别数据，走向沉浸

在经历了“互联网+”的改造后，我国新闻、影视和出版等一批传统文化产业实现了效率提升，网剧与手游等细分领域

更是做到了全球顶尖水平。

过去几年，用户增长和时间红利开始消散，互联网所带来的边际效益日渐式微。于是，企业渐渐发现，拓展用户的成本越来越高，用户停留的时间却越来越短，市场正进入存量的恶战中。

不过随着人工智能、5G、物联网等新一代信息技术的兴起，数字文化产业的竞争核心开始从流量与规模逐渐转向需求和场景。在这个过程里，数据从过去的增长工具转变为产业的生产要素，渗透到各个环节。与此同时，技术则将连接对象从人拓展到物体，从信息引申到行为，为用户寻求一种全方位的沉浸式体验。

2020年9月，以科幻小说《三体》为范本的“三体时空沉浸展”在重庆礼嘉智慧公园开展。依靠体感交互、全息投影和增强现实等技术手段，这部90万字的科幻小说被浓缩在两层建筑空间中。其中，最为亮眼的要数展览对原著情节的实景化重现。当一束红外线切开整艘游轮，展厅中瞬间烟雾弥漫，参观者甚至可以闻到船体烧焦的气味，再搭配巨型银幕上的画面，参观者仿佛置身于《三体》的世界中。

这种沉浸式的展示并非对小说进行简单的复制。它是一个集合文化实力、技术特性和产业链整合的综合应用。它充分发挥了新兴技术的优势，实现了对原创优质IP的二次创作，也重新塑造了观众与展览间的互动模式。

沉浸式业态是数字文化产业发展的一个重要趋势，它解决了产业内部的两个核心问题。

一是需求端无法带动供给端的问题。当前，用户的注意力已经从单一的被动观看转向了互动式的主动选择。沉浸式的手段在最大限度上解决了旧产品和新需求之间的矛盾。它引导内容生产者打破传统的制作模式，把理性的文化内核转化为感性的互动体验，在“共情”中寻找用户与文化产品的联系。

二是供给端生产能力不足的问题。文化是重度依赖内容生产的行业，以目前的市场规模来看，内容生产远远跟不上市场的需要。沉浸式业态则给这一市场窘境提供了新的解决方案。通过相关技术手段，优质文化内容具备了再次创作的价值，极大缓解了文化产业内容生产能力的不足。

未来，沉浸式业态作为推动数字文化产业发展的有效手段，将越来越频繁地出现在大众视野中。

重新定义版权

提及文化产业，版权注定是一个绕不开的话题。

过去，文化艺术品的版权由实物承载，如著作的手稿、音乐的母带、照片的底片等物理介质都在一定程度上代表着版权的归属。

然而，数字时代的来临为版权创造了新的难题。一方面，物理介质彻底消失，作品与内容从实物变成了由“0”和“1”构成的计算机代码；另一方面，数字化让内容流通成本趋近于零，以物理介质定价的模式不再适用。

打个比方，传统的版权就像是一捆木柴，其中的每一根都代表着一种权利。“发行”“改编”和“复制”等木棍捆在一起就构成了完整的“版权”；而版权的数字化则是将其中一根木棍抽离出来，供实际场景使用。

以艺术品版权为例，一些艺术门类和题材在传统版权体系下无法被登记，比如一个雕塑品的3D扫描授权，或是某画作的数字图片使用权。这个漏洞的存在，让无授权艺术品的衍生品得以在市场上流窜。

为了解决这个问题，艺术品数字化版权应运而生。

依托数字化技术，所有方可以对艺术品进行全方位扫描，形成文物的数字化模型，并将此模型以商业授权的形式给予需求方使用。这样一来，既解决了艺术衍生品市场乱象，也保证了艺术品持有者版权财富的增值。

腾讯与故宫博物院的合作就充分体现了艺术品数字化版权的价值。除了对故宫文物进行线上数字化呈现外，腾讯还先后推出了故宫QQ表情、主题漫画、手机游戏、复刻摆件和传统服饰等衍生文化产品。

如果说数字化版权只是补上了原有版权的漏洞，那么建立于区块链技术之上的NFT（非同质化代币）则为艺术品数字化版权归属提供了新的解决思路。

NFT衍生于区块链中的同质化代币，如比特币、莱特币等，只要两者数额相等，“这一枚”和“那一枚”之间没有区别。但对于艺术品来说，每件都是独一无二且不可替代的，NFT就是这种唯一性数字艺术品的“数字资产”形态。倘若一件数字艺术品以NFT的形式存在，它便被赋予了唯一的密钥，无法被任何人篡改和复制。

正是这种可以被认证的“唯一性”让数字艺术作品有了交易价值。通过NFT，创作者不但让作品价值摆脱了物理的限制，而且在每次转手交易后都能获得一定的佣金。2021年3月，美国艺术家迈克·温克尔曼创作的数字画作《每一天：前5000天》就是以NFT的形式在佳士得拍卖行拍出了4.51亿元的惊人天价。

作为一种新生事物，NFT本身并不完美，比如基于区块链的交易不受金融监管体系约束，存在一定的风险，但它仍为数字文化产业的版权难题提供了一种全新的思路。

数字助力“文化出海”

数字文化产业是一个国家科技、经济和文化发展的缩影。

对外来说，数字文化代表着一个国家文化产业的兴盛程度，承担着文化输出和价值输出的重任。对内来说，它让国家社会资源有效地再分配，其消费过程能够创造巨大的产业价值和就业岗位。在这样的意义之下，全球各国都在积极制定并出台数字文化产业的战略规划，企图抢占世界“文化高地”。

从时间上来看，欧美数字文化产业起步较早。早在1995年，一些欧洲国家在布鲁塞尔召开的信息技术部长级会议中就提出了“数字内容产业”的概念，认定数字娱乐行业涉及移动内容、互联网服务、游戏、动画、影音、数字出版和数字化教育培训等多个领域。这也是全球最早的关于数字文化产业的定性与概念。

在数字助力文化出海方面，法国是一个非常值得我们学习的案例。

提到法国，人们会习惯性联想到巴黎铁塔、卢浮宫和超现实主义等艺术关联词汇。法国不仅拥有丰富的历史文化遗产，还拥有高度繁荣的文化产业。

一直以来，法国政府对国内文化艺术产业的发展非常重视，也尝试用数字化手段为产业加持。2012年，法国政府精心打造并推出了“创意法国”平台，它汇聚文化艺术产业的不同分支，并定期发布调研报告。报告囊括了世界最前沿的艺术产业在生产和交易方面的数据，为艺术创作者供应商业化的导航服务。

部分国家数字文化出海案例

国家	载体	简介
中国	抖音（TikTok）	抖音是由北京字节跳动科技有限公司孵化的一款音乐创意短视频社交软件，是一个面向全年龄的短视频社区平台。它曾多次登上美国、印度、德国、法国、日本、印度尼西亚和俄罗斯等地应用商店总榜的首位，深受全球各国用户喜爱。抖音的出现象征着中国所引领的社交网络多样性时代已经到来，真正创造出了一个用户可选择的互联网内容生态
韩国	电子游戏	韩国以电子游戏作为重点突破路径，政府通过提供无息贷款、免费的游戏开发设备，以及游戏公司骨干人员免服兵役等优惠政策进行扶持。如今，韩国每年平均上市游戏超过 120 个，拥有近 1400 余家游戏开发公司，形成了完整的游戏全产业链
法国	“创意法国”平台	该平台建立了交互式数字社区，可实现读者与艺术家以及艺术家之间的数字资源自由交易；汇聚了法国数字影视资源的门户网站，为民众和艺术家们提供便捷的艺术服务
日本	内容产业全球策划委员会、东京动画中心	日本政府成立“内容产业全球策划委员会”“东京动画中心”等机构，全力扶持国内动漫企业发展。加强对知识产权的保护，提出“知识产权立国”的口号，使动漫产业链的各个层级都能获得应有的利益保障
美国	奈飞（Netflix）等视频平台	美国数字文化产业发展较早，尤其在电影方面。以奈飞为首的视频平台在商业模式上另辟蹊径，使独立制片人可以绕过制片厂发行电影，极大冲击了好莱坞原有的制作流程，从而促进行业良性竞争

在这个平台中，法国围绕创新文化、艺术遗产和文化产品三个方面，建立了交互式数字社区，可以实现读者与艺术家以及艺术家之间的数字资源自由交易。同时，平台还汇聚了法国所有数字影视资源的门户网站，为民众和艺术家们提供便捷的艺术服务。相关数据显示，“创意法国”平台覆盖了全球130万名文化从业者，间接创造的经济收益高达914亿欧元。

从“创意法国”的案例我们可以看出，数字化已经成为“文化出海”的重要保障。而数字文化作为一种多领域融合的新兴产业，也在助推文化产业新一轮的腾飞。这一过程中，产业生态关系已经被重塑，为政府搭平台、企业出技术以及内容创作提质增效。

第2节　电子游戏：数字娱乐的“第九艺术”

美国知名哲学家伯纳德·舒兹曾说过，“游戏在人类各种乌托邦愿景中处于核心位置”。

的确，人类在现实世界中建造乌托邦的愿景总以失败告终，所以才发明了游戏来对抗现实。但在数字时代里，游戏所能提供的不再是简单的心灵抚慰，更是技术进步和文化宣传的重要载体。

正因如此，游戏这种兼顾美术底蕴和情感连接的产物，成为独立于传统艺术八大门类之外的“第九艺术”。

正向价值与义务

曾几何时，游戏一度被中国家长冠以“电子海洛因”的恶名。

沉溺与痴迷的机制可以轻易摧毁一个孩子的自控能力，而情色与暴力的场面则极大破坏了孩子尚未成型的价值观。这成为摆在游戏开发者面前的一个难题，优质游戏的基石，必须由人性的欲望来承载吗？

2018年9月，一款名为“中国式家长”的养成类游戏突然爆红网络，登上了全球知名游戏平台Steam当月热销榜的第二名。

这是一款画面单一，操作也很简陋的游戏，玩家们却对它表现出了极大的宽容。游戏中，玩家扮演一名家长的角色，参与规划一个孩子从出生到高考的过程。需要根据孩子的性别、年龄、心理状态和特长等因素，有针对性地“培养”孩子。游戏中的每一个选择，都会影响角色的最终结果。

在这款反映中国家庭两代人关系的游戏里，很多人“看到了自己的青春”，更体会到了为人父母的辛苦。许多玩家纷纷表示，在玩过游戏之后，对曾经叛逆的自己非常懊悔，也对含辛茹苦的父母心怀感激。

事实上，这并不是游戏第一次对社会产生正向价值。游戏产业的不断调整，正使其成为社会生活中更富建设性的角色。作为一种特殊的信息媒介，游戏表现出超强的社会正向价值引导意义。无论是文化传承与科技教育，还是公益服务与社会关爱，游戏都比传统媒介的影响力更加深远。

比如，2019年国庆期间引发全民爱国风潮的手机游戏《家国梦》，这款由腾讯和人民日报联手打造的城市建设类游戏，允许玩家自由建设家乡城市，并通过相关城市的发展程度，解锁“家乡之光”的荣誉。同时，玩家之间还可以通过荣誉值等指标进行比拼，看谁的家乡发展得更好、繁荣度更高。

与此同时，网易也在公益游戏领域推出新作。2019年，网易与故宫博物院合作推出了《绘真：妙笔千山》手机游戏。这是一款以故宫博物院收藏的山水画《千里江山图》为创作蓝本的轻度解谜类游戏，其中每一章剧情都源自《山海经》《镜花缘》等里的中国神话传说，让玩家充分感受中国传统文化的魅力。

一批公益游戏的出现，为游戏产业发展提供了一种新的可能性。打造具备正向价值的游戏产品，创造出具有正向引导代入感的场景，也可以让用户产生共情。

由此可见，不管是弘扬传统文化还是传播公益精神，游戏都能通过特殊的趣味性和沉浸感，更好地与传统文化结合。这样的传播方式更具有生命力和感染力，也避免了“口号式”宣传浮于表面的问题。

对游戏来说，通过向社会和个人传递正向价值，其正逐渐承担起国家或文化宣传的重任。而对社会来说，正视游戏的作用和意义，才能让游戏既有产业的广度，又有人性的温度。

从游戏道具到新型数字资产

时至今日，游戏产品不但能产生正向价值，还能衍生出新型数字资产。

从网络游戏诞生至今，关于游戏装备的资产化争论就没有停止过。随着不少网络游戏的升级与停运，矛盾正在愈演愈烈。毕竟，游戏企业改几行代码，玩家手中的游戏资产就会在顷刻间化为乌有。

开发者认为，游戏中的物品属于官方，玩家只是在游戏期间享有使用权，并不享有道具的拥有权与处置转让权等权利。而玩家们则认为，游戏装备属于数字资产的一种，自己花费大量的时间和金钱获取的装备，不应该被开发者以各种理由进行更改和处置。

有一个广为人知的故事：2010年，暴雪在《魔兽世界》的升级中移除了某个角色的道具，愤怒的俄罗斯青年维塔利克删除了游戏客户端，并转身投入去中心化结构的探索之中，在2014年创立了区块链项目以太坊。

在那之后，以太坊发展成为继比特币之后的第二大数字加密货币，而区块链也为游戏装备的资产化提供了新的思路。

是的，这个新思路就是“上链”。

游戏装备上链的核心在于让虚拟资产的性质无限逼近实体资产。当我们把手中的游戏装备以上链的形式存储于区块链中，那么即使游戏开发者更改或者关闭运营，这些游戏装备也不会灭失。利用分布式存储的机制，装备的图片、3D模型和属性数据等都可以存储在区块链之上，玩家的加密钱包也就变成了一个“游戏装备库”。

通过上链的手段，游戏道具从仅有的服务性功能扩展到了具有收藏价值的数字资产。未来，当VR或者AR技术足够发达时，玩家或许会拥有一个游戏装备库，里面陈列着自己的盔甲与宝刀。玩家可以将它们“穿”在身上，或者卖给想要收藏它们的朋友。

截至2020年底，以太坊、EOS和波场三条主要区块链上，已经拥有400万个游戏道具地址，其总价值超过30亿美元，道具交易规模超过150亿美元。国内区块链企业也紧跟全球趋势，诞生了“蜘蛛所”（SpiderDex）、“鲁多斯”（Ludos）等专注于游戏数字资产交易的平台。

需要强调的是，相比传统游戏道具500亿美元的交易规模，区块链游戏道具交易市场仍处于早期发展阶段，不但交易手续较为复杂，其币种转换也受到法律法规的影响。但从长远来看，区块链“上链”的手段，为以游戏装备为代表的一批新型数字资产提供了全新的管理方法和交易构想。

被加速的数字娱乐

知名游戏数据公司Newzoo的CEO皮特·沃尔曼曾说过，“游戏不会像新兴产业那样呈指数型增长，却可以加快既有产业的整合与发展”。

直播和动漫显然就是两个能够被游戏加速的既有产业。游戏的竞技性与观赏性填充了直播领域内容的匮乏，而其建立于美术设计基础上的画面呈现又促进了动漫领域生产效率的提升。

2020年9月30日，英雄联盟S10全球总决赛在上海举办。由于场地的限制，大部分观众无法来到现场，仅能通过直播平台进行观看。网络直播与传统的电视直播不同，由于需要在多个终端进行呈现，往往难以保证画面质量。

交互性的矛盾也是一个大问题。在弹幕文化大行其道的当下，每当出现精彩部分，弹幕便会填满整个屏幕，不但会造成设备卡顿，也会让观众错过比赛的亮点时刻。

作为国内头部直播平台，虎牙早已预见到这些问题。凭借人工智能赋予的超分辨处理能力，虎牙将直播画质由1080P提升到了4K。同时，依托高可靠、低延时的5G分发网络，将超高码率码顺畅地输给用户，完成了真正意义上的电竞4K直播。拍摄方面也有黑科技，搭载识别系统的摄像机可以自主跟踪人体轨迹进行拍摄，极大解放了摄影师的双手。

除此之外，新开发的“实时回放”也第一次出现在电竞直播平台中，用户可以在直播间随时回看，根据自己的观看进度选择回放点。而智能弹幕则解决了恼人的“挡屏”问题，系统可以对直播画面主体进行自动识别，让弹幕从画面核心区域背后“穿过”，不但保证了直播的互动性，也提升了观众的观看体验。

如果说游戏带来了直播领域的C端体验提升，那么它在动漫领域则促进了生产效率的提升。

每一个游戏的诞生都离不开美术设计与动画制作。原画师在完成画稿的绘制后，需要对画稿上色，这是一项十分浩大的工程。以普通的12帧动画为例，按25分钟时长计算，需要完成1.8万张图画的上色。倘若由10人的团队来完成这项工作，即便是加班加点也要2个月的时间。

显然，对当前的游戏开发速度来说，这个时间太过漫长。

有需求自然就有供给。2019年，苏州大学联合香港大学开发出了一款名为“线稿上色”的智能软件。它基于无监督的深度学习原理，通过风格迁移和生成式对抗网络技术，可快速将线稿变成饱满的彩色图画。

整个过程分为两个阶段，第一阶段将草图渲染为粗略的彩色图画，第二阶段则会识别错误的部分并进行重新细化，然后输出最终结果，不满意的话还可以进行微调。在这款软件的帮助下，一集25分钟的动画，仅需2.5小时就能完成上色，效率提升2000倍。

可以预见，随着科技的不断延伸，数字娱乐产业链上的每一个参与者都能享受技术的红利。而站在国家的角度来看，一个健康有序的数字娱乐产业，将是中国经济平稳发展和社会繁荣进步的重要彰显。

第 3 节　智慧体育：全民健康的时代选择

“今天走了多少步？”正在逐渐代替“吃了吗？”，成为人们打招呼的主要方式。

这种变化不仅起源于大众健康意识的觉醒，更得益于大数据与物联网等新兴技术在体育行业的广泛应用。也正是在这些技术的驱动下，以智慧体育为代表的新业态为体育产业赋予了全新的活力。

给公共设施松绑

提到我国的体育产业，有一个核心要素是绕不开的，那就是体育公共设施。

2017年，民间诞生了一个叫作“暴走团”的组织。这个主要由中老年人构成的快走运动团体，经常在夜间占用城市的主要马路进行走路锻炼，影响了城市交通，同时也暴露了我们在公共体育设施上的不足。

要知道，这种匮乏并不是单纯指数量，更多的是质量和匹配程度的问题。

社区类体育场地规模小，设施的维护也无法得到保证；中等规模的民营体育馆虽然规模较大，设施也比较完备，但过高的场地费和紧俏的资源拦住了大批用户；而大型的体育场馆基本不对个体开放，仅承接赛事和商演等大规模活动。

针对这个问题，智慧体育给出全运动周期的解决方案。

以杭州市教职工活动中心为例，其通过智能化的改造，已经基本实现了场馆全运动周期的管理。在运动前，用户可以通过App平台查看场地的占用情况和实时人数，并进行场馆预订。同时，结合嵌入式社交系统，用户还可以看到好友的预订情况，避免重复预订造成场馆资源浪费。这些实时数据的线上化呈现，为用户场馆预订和运动组局等决策做出了支撑，也成为体育场馆导流的重要途径。

预订流程结束后，系统的服务核心则转向运动中。利用人脸识别或扫码等手段，智能门禁系统可以让用户实现无感式的进出与计费，节约场馆的运营成本。值得一提的是，杭州市教职工活动中心还创新性地将灯光和空调系统与门禁数据打通，场馆可以根据当前温度和现场人数进行动态化室温调节，也避免了因大功率射灯发热而造成场馆电能损耗。

而在用户运动结束后，系统的服务并没有停止。由于运动的多样性，各个场馆的使用情况并不统一，这也造成了设施磨损的不同步。为此，杭州市教职工活动中心使用位移传感器在每天闭馆前对设备进行检查。以篮球为例，当篮板和篮筐的移动距离超过设定的安全阈值时，系统便会对场馆运营人员发出维修提示，避免出现严重的安全隐患。

目前，这种全周期的智慧场馆已经逐渐在我国一线城市落地，它在一定程度上解决了公共体育设施供需的矛盾，也成了智慧体育应用的重要代表。

逃离健身房

除了公共体育设施，被智慧体育激活的还有居家健身。

站在传统健身从业者的角度来看，由于缺乏陪伴和监督，居家健身就像是被吹出来的伪需求。毕竟，健身需要极强的自律能力与坚持的毅力。

尤其是在互联网时代，不管是电视还是手机，它们所提供的健身课程都是单向传播，缺乏对用户的感知和监测。屏幕对面的那个人到底是在大汗淋漓地坚持，还是瘫卧于沙发和零食中间，谁也说不清。

但传统健身房的问题也很明显，高办卡率带来的峰时拥堵、恼人的私教课推销、健身时间的不自由等因素，都成为许多人不选择传统健身房的理由。

两难的背景下，中国的Keep和美国的米若（Mirror）给出了它们的行业折中方案。

作为线上健身课程的头部企业，Keep通过智能硬件监测与感知，实现了居家健身的专业化探索。以Keep销售最好的减脂操为例，在课程开始之前，系统会先读取智能手表和智能体脂秤的相关数据，了解用户的心率、体重、体脂和睡眠质量等指标，从而推荐适合的课程。而在课程进行的过程中，Keep还可以根据心率的波动，加快或者减慢动作频率，确保用户达到应有的训练效果。如果系统"发现"你在偷懒，还会贴心地放出内置语音进行鼓励。

与Keep不同，米若将居家健身的交互性提升到了一个新的高度。从产品本身来看，米若就是一块带有LCD面板、扬声器、麦克风和智能摄像头的镜子。打开米若之后，用户可在界面内选择教练和喜欢的健身课程，而镜子上会实时显示用户的心率与健身动作。

镜子+屏幕的特殊组合，让用户可以一边观看教练的直播或者录播，一边通过镜子观察和调整自己的动作。与传统健身房相比，米若虽然无法让用户获得教练的现场指导，但它已经通过技术手段将这种差异缩到了最小。

需要强调的是，我们不能用科技含量的多少作为评判产品智能化的单一标准。在居家健身这个场景中，不管是Keep还是米若，都在不同程度上提供了高质量的解决方案。它们所撬动的是那些有健身意愿，却因各种原因不愿选择传统健身房的群体。可以肯定的是，这种用智能化手段触达潜在消费者的方式，还将会在多个体育场景中复制。

打造冠军算法模型

从某种程度上来说，体育与娱乐行业非常类似。

两者的共同之处在于抢夺用户的注意力与时间。不同的是，娱乐靠明星的话题博取关注，而体育靠的是竞技内核。更快、更高与更强不仅仅是体育的终极愿景，也是吸引民众注意力的主要方式。

事实上，一项体育运动的受欢迎程度，取决于项目本身的观赏性，更取决于运动员在赛场中的极致表现和最终成绩。所以，“打造”一个冠军便显得尤为重要，这符合体育产业的利益期待。

曾经，想要在赛场上收获好成绩，依靠的是运动员的刻苦训练与教练的经验。“经验”毕竟是一个难以量化的标准，语言的局限性导致我们无法准确传递这些信息。而借助新一代信息技术，所有的“经验”都可通过数据的方式予以呈现，极大降低了教练与运动员之间的沟通成本。

2021年上半年，一个名叫德尼·阿夫迪亚的以色列年轻人在美国职业篮球联赛中表现出色，作为才出道的新人，其场均可以贡献10分和5个篮板，3分球命中率超过33%。

阿夫迪亚的成功离不开黑科技的帮助。在球场上，阿夫迪亚的教练采用了自动化视频分析技术。人工智能系统可以用镜头捕捉阿夫迪亚的每一个动作——小到持球姿势，大到奔跑上篮，然后进行准确度的分析与提醒。正是通过这套动作捕捉系统，阿夫迪亚有效地改善了投篮过程中手腕姿势的问题，并将命中率提高了11%。

除了辅助单一运动员的训练，智能化系统也能服务于团队。美国洛杉矶道奇棒球队所使用的SportVU就是一个非常典型的代表。通过部署在球场上空的多个智能摄像头，系统可以对30名场上球员进行跟踪拍摄，每一个球员的跑动距离、击球方式、跳跃高度等数据都将被系统记录。赛后，教练和球员可以通过系统评估不同位置球员的贡献程度，并设置相应训练计划和战术。得益于智能化的训练和战术部署，2020年10月，道奇队击败光芒队一举夺得了联赛冠军。

可以预见，随着这些黑科技的不断应用，竞技体育将向着科技化和科学化转型。而冠军这份荣耀的背后，除了运动员对于运动极限的挑战与追求，还有国家尖端科技与体育综合实力的融合体现。

第 4 节　数字娱乐：科技的“人间烟火味”

当前，娱乐产业的数字化正处在一个指数级加速的进程中。无论是电影超高清晰度的画面、震撼的音响效果，还是综艺节目中炫目的视觉特效、逼真的全CG影片，都离不开数字技术的支持。

作为娱乐产业发展的主要动能，数字技术的成熟和革新注定会为娱乐产业注入更多的活力。

被虚拟“解放”的创造力

2020年10月，一名叫作“阿喜”的虚拟女孩在抖音上走红。

这个由数字技术仿真出来的角色，起初被许多人误以为是真人。的确，炯炯有神的眼睛，细长整齐的眉毛，高挺的鼻梁，还有随风扬起的秀发，让阿喜的一切看上去都非常真实。在发布了10个短视频作品后，阿喜便拥有了近30万个粉丝，单条视频播放量也超过400万次。

阿喜的成功源于数字技术的快速发展。过去，如果想做一个超现实的虚拟人物，从基础设计到建模，至少需要半年的时间和上百万元的投入。现在，整个设计流程已经可以缩短到2个月，花费也仅有之前的一半。

2021年3月，美国英佩游戏公司（Epic Games）发布了全新的“元人类生成器”（MetaHuman Creator），它可以帮助设计者快速完成虚拟人类的打造。只要你输入基础的参数，系统就可以自动合成一个具有唯一性的虚拟人类，不管是皮肤的皱纹、表情、毛孔的细腻程度，甚至是发丝的效果，都能够无限接近真人。

正是由于各种数字化技术的不断成熟，设计师们的双手得以解放，可将更多精力用于内容创作。

除了虚拟人类之外，“虚拟制作”的概念也在技术加持下发生了质变。

提起虚拟制作，相信很多人会想起科幻电影的拍摄过程。演员们先在一个由绿色幕布搭成的空间里表演，然后通过计算机进行“抠图”，再叠加上所需要的背景就可以完成拍摄。但绿幕的问题也很明显，演员的眼球和脸部都会被反射的绿光污染，后期修改非常麻烦。与此同时，因为缺乏实景体验，身在绿幕中的演员也很难找到表演状态。

新一代的虚拟制作则通过激光雷达和摄像头对实景进行扫描，实现物体的毫米级高清数字化并将其存于素材库中。拍摄时，计算机将所需要的数字建筑“放在”空间里，并传输到摄影机中，从而实现虚拟制作直播的可能。而演员则可以通过放置于面前的LED大屏幕，实时查看拍摄效果，找准自己的表演位置。

同样是在2021年3月，爱奇艺打造了国内首个沉浸式虚拟线上演唱会——THE 9。这个演唱会围绕着“虚实之城”的概念展开，通过虚拟制作技术为9位表演者量身定做了一个虚拟城市，供她们进行表演。观众则可以自由选择现场虚拟座席，并在观看表演的过程中挥舞虚拟的荧光棒，还可以通过大屏幕与偶像实时互动。

电影的科技野心

回顾电影的发展，我们可以发现多种革新技术共同推动了电影科技的升级。

在声效方面，电影经历了从无声到有声，而后又出现多声道、立体声和杜比全景声等的过程。电影放映技术也从最初的手动到自动，胶片到数字，再到如今的3D和IMAX（巨幕）。随着技术的日新月异，电影也逐渐迎来自己的高光时刻。

2009年末，一部跨时代的IMAX-3D电影——《阿凡达》上映。除了夸张的27亿美元票房，这部作品还凭一己之力，将国内的影厅升级速度提升了好几个档次。许多老旧影院在该影片上映之后，都开始纷纷抢购3D放映机和IMAX屏幕，以至于相关设备价格涨了三倍之多。

在过去的行业经验里，很少有内容制作带动产业升级的案例，而《阿凡达》则完成了这一壮举。

3D影片的原理并不复杂，只需将两台电影放映机的画面同时投射到屏幕上，再借助偏光眼镜使两眼所见的画面产生移位，便可“骗过”人类的视网膜，给观众带来身临其境的感受。但问题也随之而来，偏光眼镜会使画面清晰度降低，眼镜的后期维护成本也很高，部分不适应的观众还有可能出现晕眩和呕吐。

那有没有一种既能保证画面效果又兼顾观影舒适度的技术呢?

在《阿凡达2》的拍摄中，导演卡梅隆使用了一种全新的技术，让观众彻底抛弃偏光眼镜，真正实现裸眼看3D的愿景。

这种“裸眼3D”技术来自一家叫作科视数码（Christie Digital）的公司，他们设计出的RGB激光投影系统可以真正实现无镜3D效果。在科视数码的投影系统里，投影仪前会安装一个可动透镜，屏幕上的每个“像素点”会由三束激光共同投射。透镜的作用在于调整激光的方向，让观众左右眼中的图像出现差别，从而实现立体的观感。而激光束的增加，则可以防止画面变形或失焦，让清晰度更上一个台阶。

可以预见的是，一旦《阿凡达2》中的裸眼3D技术成功问世，很有可能将电影技术提升到一个新的高度。届时，国内的影院势必又将掀起一场“设备更新潮”。

这股技术的浪潮，还将大大影响手机和游戏产业。前者想要实现小屏幕裸眼3D的目标，后者则希望通过技术带来新一轮的游戏形式创新，两者都在翘首以盼。

无聊经济的另一种可能

尽管技术带来了数字娱乐的多种可能性，但这些可能性并不只由技术创造，还可能源于环境与消费。

新冠肺炎疫情期间，“无聊经济”的爆发恰好印证了这样的观点。所谓的无聊经济，是指将无聊时间转化为有价值的经济效益，利用无聊时间产生的商机和商业模式就可以称为“无聊经济”。

毫无疑问，“云蹦迪”是第一个被无聊经济点燃的数字娱乐项目。

2020年2月8日，仅能容纳1000名顾客的上海TAXX酒吧，在抖音里迎来了20余万名云蹦迪网友。不同于传统的蹦迪模式，兴奋的粉丝们在酒吧直播间中以弹幕，代替了往日的喝彩与摇摆。最终，这场艺术行为式的狂欢收获了近百万观看量，打赏收入超过100万元，远高于线下酒水收入。

无处发泄的精力与充裕的时间，使人们把注意力都花在这些原本只能在线下才能体验的领域中。线上用户这种为“排遣无聊”内容买单的强烈意愿，成为线上平台和线下商家一拍即合、快速反应的动力。

与云蹦迪同时火起来的，还有“云睡觉”“云K歌”“云音乐节”等一系列新玩法。

最奇特的是一位博主将自己睡觉的过程在短视频平台进行直播，伴着延绵不绝的呼噜声，短短三天就收获了80多万个粉丝，每天打赏收入达到四五万元。

通过这些案例我们可以发现，在这次无聊经济的爆发中，以直播为代表的数字娱乐占据了很大份额。普通的手机设备、便宜的高速网络，再加上软件丰富的视觉效果，让无聊经济内容产品的生产和消费都变得异常容易。但是，当疫情的阴霾散去，人们回归工作和学习岗位后，这些数字娱乐方式还会继续存在吗?

毫无疑问，“云睡觉”这种离商业化较远的内容，很可能难以复制往日的人气。但诸如“云演出”“云蹦迪”等既存在数字化可能，又能产生较高收益的方式将会成为常态化的运营手段。

实际上，只要能不断提供优质、创新、可增值的内容，无聊经济也具备无限的商业价值。即便不能占据数字娱乐的主要消费市场，它仍将以一种特殊的形式开拓出一片广袤的领域。

第 15 章　购：消费崛起的未来张力

第 1 节　数字化商圈："线下造节"的愿景能实现吗

商圈是一个城市活力与生机的象征。

商圈不仅连接了消费与生产，为大众提供了消费和休闲的物理空间，更是一座城市对外展示的重要名片。互联网电商的崛起，使城市商圈遭遇了前所未有的竞争压力，而新冠肺炎疫情又让这种局面更加严峻。

近年来，许多商圈纷纷尝试"线下造节"，效果却不尽如人意。问题症结在于：怎样理解数字时代的商圈本质与内涵？如何盘活庞大的区域流量？如何凭借数字化技术实现线下的反超？

别钻“价格”的牛角尖

近20年来，我们目睹了商圈从飞速发展到增长乏力的全过程。即便有餐饮和美容等专属业态撑场，实体商场依旧难掩颓势。抛开独有的全品类优势，价格显然是电商最大的杀手锏。没有门面租金，没有陈列需求，更没有层层分销商赚差价，电商价格必然便宜。

为了扭转这一颓势，许多实体店联合商圈开始了价格攻势。于是，我们看到“购物节”和“打折季”等字眼经常出现在各大商圈的广告牌上，但这样的景象往往持续不了太久。一方面，为了追赶电商平台的价格，商家需要透支大部分利润空间；另一方面，频繁的打折与促销会消耗大众对品牌的好感。

而站在商圈的角度来看，披着购物节外衣的优惠打折套路的影响力极其有限。一旦消费者出现“促销疲劳”，流量便会出现垮塌式下滑。换句话说，商圈打折越是频繁，越是证明其黔驴技穷。

实际上，商圈覆盖周边10公里的消费群体，他们的数量和质量都极其有限。所以，打折促销既无法达到聚集大规模流量的目的，也难以实现爆发式增长。

那么，商圈还有机会吗？当然有。

随着互联网流量红利的见顶，电商规模的增长已经显现出疲态，获客成本居高不下。加之消费升级大势，普罗大众从追求便宜走向了享受消费。消费者的这种改变并不只体现在购买能力的提升，更多的是增加了对消费体验的追求。

举一个常见的例子，超市里卖10元钱的啤酒在酒吧里能卖到30~50元，但很少有人会抱怨它们售价高昂。溢价的部分除了各个环节的利润，剩下的是消费者为酒吧体验买的单。要知道，零售的线上与线下本就是两种完全不同的业态，线下的优势在于体验性与即得性，线上的优势在于便捷性和性价比，交叉式的比较没有任何意义。

所以，商圈所要思考的，便是如何将溢价部分的体验做到极致。这也恰好契合了智慧商圈的定义：以智能化技术和设备为基础，为消费者提供个性、高效、便捷的购物体验的服务体系。

打造场景化支付闭环

在消费场景中，支付绝对是一个最为重要的环节，也是最容易出问题的环节。

试想，当一名顾客选好自己所要的商品并准备走向收银台结账时，却发现等候的队伍已经排到了几十米开外，他还会义无反顾地购买吗?

讽刺的是，即使在移动支付如此发达的今天，这样的排队现象在商圈中也并不鲜见。为了将所谓的用户数据沉淀下来，许多店铺服务人员都会以优惠为噱头，要求消费者绑定会员卡。扫码—关注—输入手机验证码—填写个人信息—领取优惠券—支付—获得会员积分，一通操作下来，消费者在购物时的愉悦感所剩无几，结账的队伍也越来越长。

沉淀数据的诉求无可厚非，但它对支付工具提出了更高的要求。如果说过去的移动支付解决的是支付效率问题，那么未来的支付就是要解决场景化支付闭环的问题。

2021年3月20日，厦门湖里的万达广场迎来了21万人次的客流，刷新了该商圈建成以来的单日最高纪录，其核心秘诀便是全场景化的支付闭环。活动前期，万达通过支付宝与微信等渠道，在方圆20公里内向各类消费群体派发购物优惠券，消费者可以通过小程序、朋友圈广告、线下门店等多个场景领取，这种方式突破了传统支付中定向发券的模式。

而在活动当天，消费者在支付环节无须再展示优惠券二维码，系统在执行常规的扫码支付操作时，便可以同步扣减优惠金额。最为亮眼的要数“支付即积分”功能，消费者在商圈内支付的同时，积分即时累积到消费者账户。倘若消费者绑定了车牌信息，还可以在离场时用积分自动抵扣停车费，连手机都不用掏出来。这样的全景式支付闭环，无疑将商圈的购物体验提升到一个新的高度，也为后续的商圈数字化改造提供了样板。

如果你认为万达的案例稍显保守，那么亚马逊“GO超市”的支付革命则更为激进。

消费者凭借身份二维码即可进入GO超市，店铺顶部摄像头会识别消费者体态和步态等生物特征，并将其作为生物ID和身份进行链接。只要拿起商品，货架上的智能传感器便会将商品信息记录并添加到消费者的虚拟购物车中。在消费者完成选购后，仅需直接走出超市门，系统会在5~15分钟内完成订单确认，并直接在消费者的账户内扣费。

总的来说，不论是万达的支付闭环，还是亚马逊的无感支付，都是用数字化工具来降低商圈场景中的资源联动门槛，将支付的每一个环节打造成标准接口，从而撬动商圈的新一轮增长。

“圈外”也有较量

不同于其他业态，商圈是一个总在追求大而全的商业综合体。

在消费者的期待中，一个合格的商圈，既要有传统的购物餐饮与亲子美容，也要有新潮的游戏娱乐与潮流大牌。在某购物论坛中，有网友对这种期待进行了风趣的总结："我可以不买，但你不能没有。"

可问题也随之而来，在大而全的标准之下，各个商圈显现出了严重的同质化竞争。反正是吃饭、购物、看电影，好像去哪家都差不多。为了将顾客的消费需求一次性地消化，许多商圈把目光看向了"圈外"。

尽管消费过程多在商圈内完成，但商圈外的体验却影响着圈内用户的数量。是否会堵车、地铁能否直达、停车位是否充足等种种问题，都将直接决定消费者是否会选择前往某个商圈。正因如此，数字化技术对圈外场景的改造也变得尤为重要。

在这一点上，杭州的湖滨商圈走在了前面。在杭州市政府的大力支持下，湖滨商圈打造了全国首个数字商圈综合管理平台，它囊括了商圈治理、智能交通和智慧商业三大板块。

商圈治理方面，这个系统将人流管理、区域管理和事件管理作为主要功能。通过对商圈历史人流的分析，并结合天气相关数据，系统可以预估人流峰值，提前做出相关部署，确保商圈周边的街道保持正常状态。区域管理则集合了商圈周边酒店等住宿资源，可查看入住情况。事件管理则与公安系统互通，实时上报各类可疑的情况。

智能交通板块是湖滨商圈的特色。为了保证商圈的可达程度，系统智能化地引入了周边地铁数据。人群下地铁后，可以通过站内的大屏实时了解商圈内的人数和推荐出站口。系统还会显示商圈内餐饮店、电影院和停车位的拥挤情况，便于消费者及时做出选择，避免不必要的时间浪费。

智慧商业则是一个针对B端的功能板块。这个板块汇集了商圈的实时零售总额、细分店铺数量、每分钟消费金额等数据，为企业和地方政府提供决策依据。除此之外，该系统还和美团外卖进行合作，实现线上热门店铺排行、消费者群体画像等功能，使商圈更好地实现线上线下联动。

毫无疑问，圈外数字化变得愈发重要，但当前我们依然看不到太多成功的圈外数字化改造案例。许多商圈的圈外数字化只是流于形式，仅仅做个公众号、加个商业Wi-Fi就幻想着商圈重获新生，这显然是不现实的。

本质上，商圈的价值在于创造极致的消费体验。这种体验不仅限于消费过程本身，更体现在抵达前和离开后这些容易被人忽视的阶段。只有提供全周期的优质体验，商圈这种传统商业体才能焕发新生。

第 2 节　支付之后，智慧零售还有哪些机会

转眼间，自2016年“新零售”概念提出至今，已经进入第5个年头。

我们可以看到，零售行业的发展方向一直在变化，这场以消费者体验为核心的变革正滚滚向前。“动静”最大的要数支付领域，扫码购、刷脸购和无人购等一系列新奇应用不断推陈出新，只为将顾客的支付时间再缩短几秒。而支付之外，我们似乎也感受到新零售在其他领域的变革与发展。

有趣的是，在许多人还没看清楚新零售的“真容”时，以智能化为代表的数字技术又将零售产业拉到了“智慧零售”这条新的赛道上。表面上看，一切似乎只是技术的更迭，背后则

隐藏着零售产业的深度改造。

向新零售“告别”

自诞生以来，以提升产业效率自居的新零售，一直饱受争议。

阿里巴巴认为新零售的核心是把用户变成可以运营的资产，小米认为是把电商的经验和优势发挥到实体零售中，亚马逊则认为科技应该成为零售的主导力量。这种建立在自我优势上的认知，一度让新零售的发展陷入混乱。

不过，凭借国内强大的互联网产业，以流量为代表的发展路径成了新零售的主旋律。投资、补贴、拉新、收割，一套“组合拳”下来，不少披着互联网外衣的新零售企业汇聚了相当大数量的用户。但从本质上看，这些手段仍旧是沿袭互联网时代的老套路，并没有诠释“新”在哪里。

让我们先来看看盒马鲜生和小米体验店的例子。

盒马鲜生向来被视作新零售的网红公司。它的核心理念是，用户每天都可以在盒马鲜生买到当日的新鲜食材，并在30分钟内收货。通过这种手段，用户可以养成消费习惯，盒马鲜生也能搜集海量数据，并实现对门店的精准运营。

可问题在于，“新鲜”的标准导致门店运营成本极高，而30分钟的配送时间则限制了门店的覆盖区域。这种新零售模式，完全是在“成本警戒线”和“用户复购率”之间谨慎生存，它也从侧面反映出大部分盒马鲜生门店仍在亏钱的原因。

小米体验店的逻辑则是所谓的“流量互补”。众所周知，小米的手机利润不到5%，门店之所以能够维持，靠的是手环、充电宝和耳机等高毛利周边产品支撑。很明显，这些产品并不具备吸引人高频消费的能力，毕竟没有人会每个月都购买手环、充电宝或耳机。

如此看来，这样的新零售并不比传统零售好。

正是这些早期的新零售经验告诉我们：无论模式有多新奇，资源有多雄厚，只要无法从底层技术上取得突破，最后都跳不出传统的流量套路。只有真正从底层的技术着手，依靠新技术的“底座”支撑零售的“高楼”，才能让零售变“新”。种种的矛盾与问题，让许多参与者纷纷离开了新零售领域。

智慧零售，便是在这样的大背景下诞生的。

到产业链上游去

库存向来是零售企业最头疼的问题。

以往，传统零售企业解决库存问题的办法是打折和搭售。但随着大众消费观念的不断理性化，已经没有多少消费者愿意做占小便宜的“冤大头”了，消灭库存似乎成了一个不可能完成的任务。

一直以来，在零售产业链中，生产总是排在最前面的环节。与其陷在痛苦的库存“泥淖”之中，不如在一开始就解决过量生产的问题。几年前，制造商曾经尝试M2C（从生产者到消费者）模式，即制造商直销商品到消费者手中，卖完一批再生产下一批。

各种零售模式产业链对比

M2C模式乍一看非常合理，舍弃了中间商环节，既让消费者得到实惠，也能让厂家直接“听”到C端的反馈，进而及时调整生产计划。实际情况却是，M2C模式并不成功，原因非常简单：生产和销售都是专业性很强的领域。制造商的能力在于低成本、高效率生产，销售商的能力则在于摸清消费者偏好、卖出产品。很明显，没有几家制造商同时具备两种能力。除此之外，制造商的利润本就不高，即使砍掉中间商环节，也不会为它们带来多少收入的增长，这种模式完全没有吸引力。

针对这个问题，智慧零售提出的解决方案是流程倒置，即“C2M”（从消费者到生产者）。

这种模式的特点是，通过智能化技术对消费者需求进行搜集整合，并从中分析出真实数据，然后将其发送给生产者，指导生产环节。

2020年6月，浙江某海外化妆品代工厂推出了两个爆款产品：4.9元的口红和7.9元的眼影。产品在上线阿里巴巴“天天特卖工厂店”平台后，一周时间内便收获了近20万次购买。千万不要狭隘地认为销量大只是因为便宜，毕竟这个价格已经跌破了消费者的心理预期，实际上敢不敢买可能是消费者最先考虑的问题。

这是这家工厂的一次零售实验。结合阿里巴巴的大数据技术，它仔细分析了当前化妆品类别中的热门爆品，并对5万多名用户的购买记录和消费画像进行剖析，进而推测出口红色号与眼影组合。最夸张的是，系统甚至可以将某个颜色的口红备货数量精确到十位，销售率高达97.4%。

C2M模式是智慧零售非常典型的应用。一方面，制造商实现了库存的优化管理，也让自有品牌深入消费者心中，为后期培育独立品牌积蓄能量；另一方面，消费者拿到了远比市场价格实惠的优质产品，双方实现了共赢。

目前，京东、阿里巴巴和拼多多等多个互联网巨头都相继成立了智慧零售的C2M事业部，相信将会有更多的制造商从中获益。

全链路的技术“试验田”

当前，智慧零售的发展已经从前期布局进入技术落地的新阶段。

不断探索智能化技术落地和应用的新场景，不断用智能化产品去解决新零售行业中的痛点和难题，不断以新技术来丰富和完善新零售的内涵和意义，才是保证智慧零售领域继续发展的核心所在。

所谓的“全链路”是指涵盖智慧零售的所有环节，包括生产制造、营销推广、消费决策和售后服务。比如，有的企业用区块链技术去解决商品的溯源难题，有的企业用人工智能技术去解决生产线上的品控问题，还有的企业用VR与AR技术来提升消费者的购买体验，它们都是新技术落地和应用的优秀案例。

而下一个被智慧零售颠覆的领域很可能是客户沟通。研究表明，优质的客户沟通会让消费者决定购买的可能性增加42%，而糟糕的客户沟通则会让商家有52%的可能性失去订单。换句话说，在庞大的消费群体中，有超过一半的人会因为一次糟糕的互动而选择拒绝购买。

语言交流是客户沟通的核心，也是一个非常复杂的场景。它需要企业服务方及时对消费者的表达做出反应。这种表达不限于语言本身，还包含着语气、语速和情绪等多模态指标。针对这个问题，以色列的“越语”（Beyond Verbal）公司给出了它们的解决方案——情绪计算系统。

基于对30多种语言、近7万名用户的跟踪训练，越语系统可以检测到人类语音中400多种不同的情绪、态度和性格特征。只需将越语系统接入企业的客服系统，它就能快速判断出当前受访对象的情绪情况。比如，通过分析词汇的选择和语速的高低，越语系统会告诉客服，对面的消费者到底是一个怎样的人。如果他足够激进、喜欢创新，那么就向他推荐最新、最优质的产品；反之则会推荐性价比更高、性能更稳定的产品。

虚拟客服也是另一个主攻方向。美国软件厂商欧特克（Autodesk）研发了一款虚拟助手软件。当零售环节中面临需要等待的环节时，这名虚拟助手就会及时“现身”屏幕，随时准备安抚用户情绪，并及时解决问题。欧特克为奔驰金融服务公司——戴姆勒金融打造了一个名为莎萨的虚拟形象，用于完成企业零售中最恼人的融资、租赁和保险服务。

由此，我们可以看出，依靠新兴技术在商业场景中落地，是保证零售从“新零售”跨越到“智慧零售”的关键一步。只有成为一块新技术的“试验田”，不断让新兴技术在这块田地上生根发芽，才能找到零售行业的更多爆发点。

第 3 节　智慧物流：新消费时代的“双向触手”

如果要列出最近10年来我国发展最快的行业，物流绝对能够占据一席之地。

毫不夸张地说，我国的物流行业用10余年的时间，就完成了发达国家近百年的积累。在速度越来越快、体验感越来越好的背后，是数字化技术对物流行业水平的整体提升。

变革显然远未结束。大数据、人工智能和物联网等新一代信息技术的深入应用，将物流行业带进了更快的发展赛道。智能化物流正取代信息化物流，击穿了过去不可逾越的“行业天花板”。

以储代运：让速度再快一点

每一个拥有网购经历的消费者都曾忍受过快递时间长的煎熬。

“煎熬”的时长主要由两个因素构成：一个是物流运输的速度，另一个则是厂家发货的速度。前者的速度在飞机等运输工具的加持下，已经有了很大的进步，而后者则因为存在感较弱，往往得不到重视。

常规网购流程中，用户先进行下单，商家接到订单后打包封装产品并通知物流公司。紧接着，快递员前往商家处取货并录入信息，然后送往快递站点等待接驳。简单总结，就是订单在前，揽件在后。

要知道，一旦遇上“双11”或“618”这样的购物节，或者发货地天气恶劣、交通拥堵等，发货时间可能会延长好几天。

能不能让揽件赶在订单之前呢？当然能。

2015年，京东开始探寻“以储代运”的模式。为此，京东打造了遍布全国的800余座自有仓库，以及1400余座合作伙伴仓库。依托自有购物平台的大数据系统，京东梳理了1000余种高频次消费品类，包括日化、书籍和数码产品等。凭借这些数据，京东与各个品类商家签订了存货协议，邀请它们将原有的货品仓库改造为京东云仓库，并由京东负责物流管理。

以储代运的模式虽然说起来简单，但效仿起来十分困难。这种模式之所以成立，离不开京东精准的数据分析系统和高效的物流运输能力。货物首先从工厂通过干线物流发往京东仓库，经过验收等程序后，京东会根据数据分析将各类商品调拨至最合适的前端物流中心。

当C端用户完成订单付费后，商品会在离用户最近的一个物流中心出库，发往京东7300多个配送站之一，再由快递员完成“最后一公里”。京东物流披露的数据显示，90%的京东商城订单都能在当日或次日完成配送，远高于行业平均水平。

除此之外，以储代运的模式也为京东带来了一些“隐藏”收益。比如，被存货占据资金的供应商也顺其自然地成了京东供应链金融的客户。

总的来说，以储代运是物流行业一次“模式+科技”上的创新，不但提高了物流行业的效率，也提升了京东自身的核心竞争力。

仓库中的智慧大脑

2016年11月，一条快递工作人员“暴力分拣”的视频引爆了网络。

视频中，30余名工人在车间里围着一堆快递货物进行分拣。不少工人将快递包裹抛起，扔至数米远的地面上，全然不顾商品是否会损坏。

如今，我们基本上很难再看到类似的新闻。这背后其实是智能机器人取代了这种重复且劳累的工作。各种类型的机器人和传感器大量应用于物流分拣，仓库再也看不到散落一地的快递包裹，一切变得井井有条。这种智能分拣的出现，标志着物流行业真正进入智能化时代。

实际上，人在物流分拣的过程中完成了两项工作：一是“拣什么”，二是“怎么拣”。过去，通过设计匹配不同类型货物的“拾取爪”，物流机器人解决了“怎么拣”的问题。但在“拣什么”这个问题上，却一直没有进展。毕竟，它考验的是整个智能物流系统识别、导航和规划的综合能力。

以面部识别技术起家的旷视看到了这一问题，凭借强大的综合技术能力，它们研发出“河图”这个物流机器人智慧系统。河图系统更像是一个机器人的大脑，可以通过人工智能的深度学习算法，不断调整整个系统的调度设计。

举个例子，当某个用户同时买了手机和可乐时，完成订单就需要两个机器人同时取得两件商品。过去，由于技术的限制，机器人之间基本不可能完成协同类的工作，分拣必须按照固定的顺序依次执行。而在河图系统的管理下，机器人既各自独立，又互成体系。当复杂分拣任务出现时，河图系统会自动将两个位置相近且任务空闲的机器人组成一组，用于完成当前的分拣工作。一旦这个任务完成，系统便将它们之间的“组合”断开，以便其他指令对其分配任务。

河图系统的另一个亮点在于其独特的导航功能。传统的物流机器人主要通过部署在地面的磁条或二维码进行路径控制。但只要机器人数量增多，磁条或二维码便会因为反复碾压而损坏失效。河图系统没有拘泥于物理导航手段，而是通过人工智能系统提前规划好路径，从源头上避免机器人相互碰撞的可能。与此同时，河图系统还可以连接机器人身上的激光雷达，结合机器人当前的速度、方向和重力加速度等信息，自动调节机器人的行驶速度，避免造成堆叠货物的倒塌。

2020年3月，徐福记糖果正式启用河图系统，在1000多个不同品类的分拣中，其搬运及时率和准确率达到了100%，节约分拣成本超过200万元。

打开大宗货运的黑箱

相比C端的消费物流，B端的大宗货运要笨拙得多。

这种笨拙来源于行业的“黑箱化”。从货车司机关上车门到货物抵达目的地，整个过程就像一个看不见内部的黑箱，除了被动等待之外，货主与承运企业什么也做不了。一旦运输过程中发生问题，便只能“救火式”解决。

黑箱最主要的问题是效率低下，主要体现在管理和运输环节。

管理方面，许多大宗货运园区缺乏准确的信息掌控能力。货车该从哪里进出场，卸货路线该如何规划，司机休息用餐如何解决……所有问题都依赖管理人员的经验。在这种粗放型的管理下，司机排队时间越来越长，货物积压越来越多。另外在运输过程中，由于物流平台缺乏对货车的在途监控，货车是否按照规定要求行驶，在途花费和运费是否真实，全凭司机自觉。

通过这些问题我们可以看到，大宗货运所面临的是从前端应用到后端平台的体系化困境，“单点式”的解决方案没有太大意义。这也是单一的导航定位或油卡代替发票等手段难以见效的原因。

近些年来，以智慧物流为代表的全场景服务商开始走到台前，G7物联就是一个很典型的例子，它的核心在于以人工智能和物联网为底层核心能力，从上到下构建了一个围绕落地应用、平台引擎和数字底座的全景系统。

以常见的水泥运输为例，其运输过程距离远、质量大，企业对司机的把控能力不够，甚至出现过部分司机中途偷换劣质水泥等问题。G7物联在前端货车上布置了一整套物联网感应系统，藏于罐身下方的重量感应器会在装车时被激活，全程记录罐内水泥重量变化。重量感应器的存在不仅杜绝了偷换货物问题，还可精确计算装卸的时间，实现了货物流向管控的可视化管理。

在运输过程中，事先框定的“电子围栏”还可以限定货车的行驶路线。一旦路线发生偏离，后台的预警系统便会主动联系司机询问相关情况，并及时上报处理。而在司机端，G7物联研发了卡车宝贝App，囊括了加油、加水、车辆维修和司机休息等功能，所有消费环节都集成在App内。承运企业可将费用预先充值至App内，无须司机垫付。当车辆行驶至补给站点，App内还可查看休息室内“剩余床铺”，节约司机停车等候的时间。

究其核心，智慧物流的优势无非是体系化的解决方案，真正打破了业务黑箱，构建了一套可落地的服务体系。未来，伴随新一代信息技术应用的逐步深入，在大宗货运领域，智慧物流将可能实现精确到分钟的接驳能力。

第4节　再造千亿规模：数字消费新样本

新一代信息技术赋能下的消费领域，正爆发出强大的产业张力。

这种张力更像是一场立体化变革。后端在死磕产品设计，中端在探索供应链效率，前端则在深刻理解消费者需求。

过去五年里，前端的革新最为明显。从单一的网上购物到如今的直播电商、社区团购等多元化场景，大众的消费行为逻辑也在悄然改变。新需求带动新消费，新消费催生新产业，循环之下最终构建出一个丰富多彩的数字消费世界。

直播电商：从功能到模式的进化

消费发展到今天，购物的内涵早已从单纯的购买转变成集消费、互动、分享、娱乐和消遣等需求为一体的综合体验。

淘宝的内部统计数据显示：每天晚上有1700万名用户在使用淘宝，但他们什么都不买。实际上，这些用户与那些在线下商场中“闲逛”的消费者并没有本质上的区别。

为了转化这些庞大的闲逛人群，电商企业可谓绞尽脑汁。此前，注入大数据技术的“猜你喜欢”功能一度被寄予厚望，但隔着屏幕的用户对此并不买账，甚至陷入隐私被监控的担忧之中。

一筹莫展之际，直播行业的火爆引起了电商企业的注意。主播们各种各样吸引眼球的表演带来了良好的观感，通俗易懂的语言可以弥补产品图片和文案的表达欠缺，而滚动的弹幕则给了用户极强的群体参与感。这种囊括多种要素的呈现手段，正是传统电商力不能及的。

从2017年起，直播电商功能开始在多个平台上线。以淘宝直播为例，每天20:15，主播们便会开启时长近3个小时的直播带货节目。在这个时间段，主播会向用户推荐30~40款产品，流程包括讲解、试穿/用、发放优惠券和抽奖等。这种封闭的销售场景让整个成交过程变得极为流畅，许多商品在宣布上架后的几秒内便会售罄。

基于种种无可比拟的优势，直播电商这个起源于传统电商的新功能，很快演变为一个独立的产业。艾媒咨询报告显示，

2017—2020年，直播电商的产业规模从190亿元变成了9610亿元，增长超过500%。

如果仅以营销噱头来解读直播电商，显然是片面的。在模式上，直播电商有三大创新优势：

首先，是宣传与销售的一体化。直播电商成交速度极快，几乎在同一时间完成了宣传与销售的过程，消除了品牌方等待的空档期。

其次，是解决个性化推销的复制难题。众所周知，面对面推销是快速成交的最好办法，其缺点是效率低、成本高。而直播电商则通过技术手段，让一个销售人员同时向几十万甚至几百万名潜在消费者顾客推销，极大提升了推销效率。

最后，是实现流量与用户的零成本交换。直播前，主播大多会在社交媒体发布当日直播通告，为直播积蓄人气。这个普通的举动，其实无意间完成了两个平台流量与用户的充分交换。直播用户通过社交媒体关注主播动向，社交媒体则成为主播新的流量“蓄水池”。

可以预见的是，直播电商这种新的交易范式可以重构用户的消费决策，推动下一轮的消费新增长。

社区团购：下沉市场的消费样板

继直播电商之后，社区团购是又一个诞生于技术之上的新模式。

移动支付的普及，为数字化交易打下了坚实的基础。而拼多多等平台的崛起，则完成了电商对三四线城市以及农村市场的覆盖。这两个方面的完善，催生出了广大中低收入群体对高性价比产品的强烈需求，社区团购的模式也逐渐清晰起来。

社区团购的本质是一种夹杂在新零售和传统电商之间的零

售商业模式。它的大致流程是这样的：由小区居民担任的“团长”先收集周边居民的购买需求，然后与供货商对接并完成进货。次日，供货商将商品送达“团长”处后，“团长”便可通知居民付费提货，从而完成整个购买流程。

需要强调的是，一线城市用户对社区团购的感知度并不强。一方面，工作生活不规律与加班应酬是上班族的常态；另一方面，城市里遍布着各种生鲜电商，下单后30分钟内它们就能把食材送上门。而在三四线城市或农村的居民工作生活相对规律，明天在不在家吃饭、想吃什么菜等都可以提前规划，“隔日达”也是可以接受的。正因如此，社区团购在三四线城市发展得十分蓬勃，它们所扮演的角色就相当于一线城市里的“盒马鲜生”和“超级物种”。

看到这里，你也许会产生疑惑，社区团购模式到底先进在哪里?

实际上，在零售业务流程中，社区团购提升了聚合订单和物流的效率。以京东和阿里巴巴为例，两者的配送能力都建立在自建自营的仓储和物流体系中。一二线城市需求巨大，规模化效应可以摊平仓储和物流成本；而在三四线城市市场中，这样的方式就有些吃不消了。

社区团购模式恰好解决了这一难题。“团长”作为重要的角色，完成了订单聚合与物流环节的降本增效。商品到达社区之后，会暂时存放在“团长”处，这可以把仓储成本消化掉不少。加之消费者多为自提，物流成本也节约下来。成本大幅降低，资金可以用于补贴商品的价格，而低廉的售价又反向驱动购买人群的聚集，形成了良性消费循环。

当然，社区团购的发展也并非一帆风顺。最近一年多来，社交媒体上遍布着对社区团购的口诛笔伐，指责其破坏供应商利益，扼杀中小菜贩的生意。

冷静地看，这样的观点显然有些过火。社区团购的出现，不过是为民众提供了一种新的消费方式，它与传统菜市场并不是你死我活的关系。就像打车软件出现后，出租车司机可以一边巡路接驳，一边用软件线上接客，不但拓宽了收入来源，也提高了劳动产出效率。

夜间经济：拓展消费新时空

不同于一般意义上的夜市，夜间经济是一种基于时段划分的经济业态。

2001年，英国学者保罗·查特顿和罗伯特·霍兰德以“城市夜间休闲规划”为样本，首次提出了夜间经济的概念。它是指当日18:00至次日6:00这个时间段，以休闲、旅游、购物、健身和餐饮为主要形式的现代城市消费经济。

现代人生活节奏快，工作时间不断延长，在夜间有充分的解压和放松需求。此前，很多商业规划与业态组合都是以白天为主要营业时段，而随着夜间需求的不断增加，白天的规划自然难以适应晚上的规则。

想让夜间经济红火起来，娱乐文化和娱乐场所必不可少，但基础设施和管理条件同样重要。

我们先思考一个问题：是什么让消费者愿意晚上出门呢？

以伦敦为例，这个全球知名的不夜城，专门打造了52条遍布全市的夜间公交线路，还专门将11条地铁线路改为周末通宵运营。种种举措都只是为了将享受完夜生活的民众便捷地送回家。

重庆也有一个非常具有代表性的案例。在两江新区的“N73月光之城”商圈，专门设置了商圈大数据分析系统和人脸识别系统，构建出一套包括出入口级、主力店级和店铺级三个层次的客流监控体系，并联通辖区公安体系，极大地保障了顾客及商家的安全。

便捷和安全当然是夜间经济的两大“基础设施”。除此之外，夜间经济需要考虑的另一个因素是灯光和噪声带来的负面效应。许多地方政府都在思考一个问题：如何既保证夜间经济的发展，又不打扰到周边居民的休息。

在这个方面，荷兰阿姆斯特丹的经验值得学习。当地政府专门任命了一位“夜间市长”，充当政府、商家和居民之间的协调官。他首先为远离市区的10个酒吧、KTV和夜店颁发了24小时营业执照，然后任命20余位“广场管家”在市中心通宵巡逻，提醒那些深夜狂欢的民众尽可能保持安静。

这样的做法有两个好处：一是将夜间经济主体进行了有效聚集，便于政府管理；二是解决了夜间经济扰民的问题，实现经济和民众的双赢。

总的来看，高质量夜间经济是一座城市管理智慧和营商环境优良的综合体现。它需要政府调配好各种资源、商家做好服务配套支持，才能最大限度地激发夜间经济的活力，为民众生活赋能添彩。

后记
智能时代的年度印记

以大数据、5G、人工智能与物联网等为代表的新一代信息技术，正在交叉与叠加，同时与实体经济深度融合，由此引发人类社会爆发式变革。在“发展数字经济，推进数字产业化和产业数字化”的国家战略下，重庆市明确提出了建设“智造重镇”“智慧名城”的目标，并规划了“芯屏器核网”“云联数算用”与“住业游乐购”的实施路径。永久落户重庆，每年一度的智博会，以“智能化：为经济赋能，为生活添彩”为题，已经成为具有国际影响力的重要盛会。

作为伴智博会而生的系列图书，“解码智能时代丛书”自2020年出版以来广受好评。它的文字生动可读、通俗易懂，既总结了智博会的交流成果，又展望了全球智能产业的发展趋势。

为了呼应智能时代发展的新趋势，展示智能产业取得的新成果，同时也为广大群众打造一套了解智能时代、融入智能时代的优秀科普读物，中共重庆市委宣传部决定持续性地出版“解码智能时代丛书”。中共重庆市委常委、宣传部部长张鸣同志对“丛书”进行了全面指导，明确提出：要以国际化的标准，将“解码智能时代丛书”打造为智博会的一张文化名片，以及在智能化领域具有重要影响力的系列读物。

“解码智能时代丛书（2021）”立足于重庆市“智造重镇”“智慧名城”建设总体战略，围绕2020线上智博会的交流成果、全球智能产业理论和实践的最新探索组织编写。“丛书”策划内容共3种，其中《解码智能时代2021：从中国国际智能产业博览会瞭望全球智能产业》以图文并茂的形式呈现了2020线上智博会的丰硕成果和智能产业的发展现状及趋势；《解码智能时代2021：来自未来的数智图谱》从“芯屏器核网”“云联数算用”与“住业游乐购”的角度，解读了重庆在建设“智造重镇”“智慧名城”方面的最新实践；《解码智能时代2021：前沿趋势10人谈》涵盖了10个话题，访谈了10位来自全球理论研究和智能产业领域的代表人物，其中既有院士、教授，也有知名企业家。“丛书”构成了一个立体、多维、丰富的观察体系，在2021智博会召开之际，记录了全球智能产业的新成果，展望了全球智能时代变革的新趋势。同时，为了讲好中国故事，并与全世界的读者分享智能产业领域的中国实践，相关创作内容同时配有英文译本。

“丛书”的组织策划、调研写作及编辑出版是一个庞大的系统工程，整体工作由中共重庆市委宣传部策划组织，并在重庆市经信委和重庆市大数据应用发展管理局等部门的配合下，由信风智库和黄桷树财经两个专业团队创作，重庆邮电大学MTI团队翻译，重庆大学出版社出版。

在整个写作及出版过程中，中共重庆市委宣传部常务副部长曹清尧同志，市委宣传部副部长、市新闻出版局局长李鹏同志对“丛书”的写作和出版工作做了具体安排部署，市委宣传部出版处统筹多个专业团队紧密协同，对“丛书”的策划创意和内容质量进行总体审核把关，推动完成了“丛书”的编写及出版；重庆市大数据应用发展管理局副局长杨帆同志、重庆市经信委总工程师匡建同志对创作工作进行了专业指导；智博会秘书处、重庆市九龙坡区融媒体中心、重庆市两江新区融媒体中心与重庆大数据人工智能创新中心、公共大数据安全技术重点实验室对创作工作进行了大力支持。重庆大学出版社特别邀请智博会秘书处何永红主任、重庆市经信委刘雪梅处长，重庆市大数据应用发展管理局法规标准处杜杰处长以及重庆大学的李珩博士、李秀华博士对“丛书”进行了审读，重庆大学出版社组织了多名资深编辑对书稿进行了字斟句酌的打磨，从而确保内容的科学性、可读性及准确性。

如果站在智能时代历史进程的维度上，我们希望“解码智能时代丛书”能够以年度为单位，记录与展望智能化究竟如何为经济赋能、为生活添彩，记录与展望“数字产业化、产业数字化”的实践过程，记录与展望人类文明史上这场伟大而深刻的变革。这样的记录与展望，这样的智能时代年度印记，是有历史意义的。

谨此，致敬中国国际智能产业博览会，并对所有促成本书立项、提供写作素材、执笔书稿编写与翻译、参与本书审订、帮助本书出版的单位与个人，对接受写作团队采访的专家，致以深深的谢意。

编写组

2021年7月